フードスケープ

図解 食がつくる建築と風景

Tomoki Shoda

正田智樹

JN044097

学芸出版社

Foodscape

はじめに

　普段私たちが口にする食は一体どこからきているのだろうか。商品の棚に包装されて大量に並べられる食のラベルを見ると生産地や生産者の名が書かれていることがあるが、そこから先へと食の辿ってきた生産の背景を想像することは難しい。

　20世紀の産業革命により人々は工場で働くために都市部へと移動したことで、暮らしから食の生産は分断されてしまった。食は自給自足でつくるものから、購入するものへと変わっていく。世界大戦後には、大量生産のためのトラクターや農薬、遺伝子組み換えなどの技術革新が次々に進められていった。こうした人々の暮らしの変化や食の産業化は、私たちに安定した食糧を効率的に届けてくれる。しかし商品の棚からは、食の生産とともにあった人々の暮らしや地形、地質、気候がはぐくむ農作物や加工物の風景を想像することはできない。

　イタリアへ行き、彼らと食事をするとその食事の長さに驚かされる。3時間以上かけて夕食をとったこともあった。そんな長い時間の中で食の話は欠かせない。夕食に出てくる料理から始まり、地元のパスタやチーズ、ワインの味や形の違いそして作り方までを誇らしげに語るのである。その時間と会話をとても豊かなものだと感じた。彼らはそこにある食の味や匂い、形を語るとともに、その美味しさがつくられた背景を知り、語ることができるからだ。

　イタリアの食の生産現場に訪れると、さんさんと降り注ぐ太陽の下で育てられるレモンを支えるパーゴラや、冷気からぶどうを守る象徴的なパーゴラの石柱、眼鏡が曇るほどの湿度の中で生ハムにカビを生やすための発酵・熟成室といった、美味しい食の背景には建築が関わっていることに気づいた。そこには普段目にする建築とは少し違う、食の生産ならではの建築の形や素材の使われ方があった。それは、人のためだけの建築ではなく、自然を活かしながら食をつくるための建築である。さらに、パーゴラや発酵・熟成室などの建築は生産者によって少しずつ形や材料が異なるが、同じような方法で地域の中に反復し、風景をつくる。人々が試行錯誤を繰り返し、時間をかけて自然との関係の中でつくりだした知恵が建築という形になってあらわれ、地域の中で広がり、人々の暮らしを支えてきたのである。こうした自然を活かす建築を起点にすることで、食の風景を考えることができるのではないだろうか。

　そう考え、イタリアと日本の食の生産現場で調査を行った。ここに集められたのは、季節や時間の中で変化する自然とともに生産されるワイン、レモン、塩、日本酒などの食がつくる建築と風景である。本書ではそうした食がつくる建築と風景をフードスケープと呼ぶ。

アマルフィのレモン：手作業でパーゴラの下になったレモンを収穫する

アマルフィのレモン：風通しをよくして太陽光をレモンの生育に活かすパーゴラ

アマルフィのレモン：レモンのパーゴラと住宅地や別荘地が共存し風景をつくる

四郷の串柿：竹串に柿を通し、束にして吊るす

四郷の串柿：風の通る斜面地に柿を干すための柿屋をつくる

四郷の串柿：時代によって変化する様々なかたちの柿屋と吊るされた柿が風景をつくる

もくじ

イタリアのフードスケープ　Foodscape in Italy　20

日本のフードスケープ　Foodscape in Japan　122

スローフード運動とエコロジカルな転回

イタリアでは1980年代から、ファストフードや食のグローバル化に対抗したスローフード運動や地域の自然や農業を体験する農泊アグリツーリズモが盛んになり、農業地域の活力が再生され、地域ごとの食文化や伝統的な食品生産が守られてきた。

これは都市計画、建築計画の分野では戦後のチェントロ・ストリコを中心とする復興計画から都市と田園の風景を一体的に計画するテリトーリオへと移行した時期に重なる。

スローフード運動

1986年、ローマのスペイン広場にマクドナルドが出店する際、郷土料理を出すオステリアやバールで働く人々、生産者たちが、ファストフードの波が押し寄せることを危惧しデモを起こした。デモをきっかけに、伝統食の保護や食に関わる人々のネットワークを形成するためにスローフード運動は始まった。

"ガストロノモ（美食家）とは感性を研ぎ澄まし、自分の舌を肥やすことから、その食べ物がどんなものでどのようにつくられたかを視野に入れている人間なのである。"

スローフード運動の創設者、カルロ・ペトリー二は「美食」への探求は料理に留まらず、調理方法、流通方法、生産地の気候風土

や生産者、原材料など、テーブルから生産地まで遡ることだと述べる。まず食の美味しさを体験し、背景を知ること、それが持続可能で伝統的な食品生産を守ることにつながるのである。

スローフード運動はイタリア約350種の食品を保護する活動や、2年に一度食の祭典を行うことで、生産者、流通者、調理人など人々のネットワークを構築している。

エコロジカルな転回

戦後、ボローニャにはじまり、コモ、パヴィア、ヴェネツィア、ローマやトリノでは、建築類型学を用いた都心部におけるチェントロ・ストリコ（歴史的中心市街地）の復興と流入人口に対する都市計画の手法が用いられた。1980年代には地質、地形、土壌、植生などの類型と配置から風景を考察するなど、都市と田園の風景を一体的に計画するテリトーリオへと移行する。

こうした食を基点としたスローフード運動やアグリツーリズモが盛んになったことや、都市計画や建築の分野でのテリトーリオへの移行の時期が重なったことは、建築理論においても自然との共生を考えたエコロジカルな転回が求められていたのである。

イタリアと日本のフードスケープ

　イタリアと日本は南北に長い島国で周りを海に囲まれ、国土の7割が山地・丘陵地であり四季がはっきりしているため、季節に応じて様々な食が生産される。

　本書は、イタリアと日本の食の生産に関わる建築と風景を、実測や聞き取りなどのフィールドワークを通して記録し、光、熱、風といった地域固有の自然の活用のされ方を観察したものである。上記のような自然を活用する建築の事例の多くは伝統的な手仕事による食の生産である。

　そのため今回イタリアでは調査の対象をスローフード運動が保護する食品：SlowFood PresidiaとEUが定める原産地名称保護制度（DOP, IGP）に登録される食品の中から対象を絞った。

　また、日本では地理的表示保護制度（GI）や日本農業遺産認定地域の他、インターネットや専門家への聞き取り調査を行いながら対象を絞った。

　現地では、生産者へのヒアリング、パンフレットから自然を活かした食の生産を読み取り、生産工程の写真撮影や実測調査を行なった。

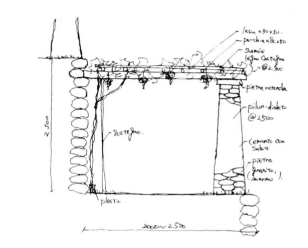

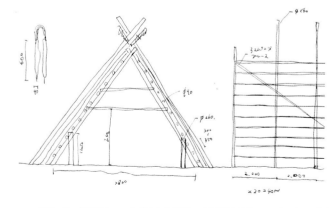

エコロジカル治具とフードスケープ

材料の変化と工程

　人々は水、土、火、空気といった自然を活かしながら採取した植物の実や葉、動物の肉や乳といった材料を加工することで、太古昔から食をつくってきた。加工は、水を混ぜる、熱を加える、空気に触れさせるなど、原材料の状態変化を促すものである。食をつくることは、原材料が食べ物になるまでの"材料の変化"の連続であり、その間に加工の手順として"工程"がある。工程には道具や人、そしてそれらを取り囲み、支持する建築が必要である。

不変の工程

　食の工程は昔から変わらない。例えばワインの工程は、紀元前1500年前のエジプトの絵にもすでに描かれている。ぶどうをアーチ状のパーゴラで栽培し、果実を浴槽の中に入れて足踏みして圧搾し、果汁を壺の中に入れて発酵と熟成を行う。工程に関わる道具、規模、それらを取り囲む建築は、時代や場所が違えば変化するが、栽培、圧搾、発酵、熟成といった食の工程は変わらない。つまり、材料を変化させるための工程は場所や時代に関わらず不変なのである。

エコロジカル治具

　食の工程の中には、枝とレモンの果実を支持するパーゴラや、柿を吊るして乾燥させる干場のように、原材料を一定の位置に固定し地域の自然である光、熱、風などを加工する資源として活用する治具がある。こうした治具を"エコロジカル治具"と呼ぶこととする。"不変の工程"を持った食が、特有の地形や気候を持った地域で生産されることで、エコロジカル治具は地域ごとの形や素材、寸法体系を持つのである。

フードスケープ

　工程とエコロジカル治具は生産地に最適に配置される。こうした各工程におけるエコロジカル治具が、地形に応じて適切に配置されることでつくられる風景を"フードスケープ"と呼ぶ。

紀元前1500年前に描かれたエジプトのワイン生産の壁画
出典：the Tomb of Nakht, 18th Dynasty (1479–1420 BCE)

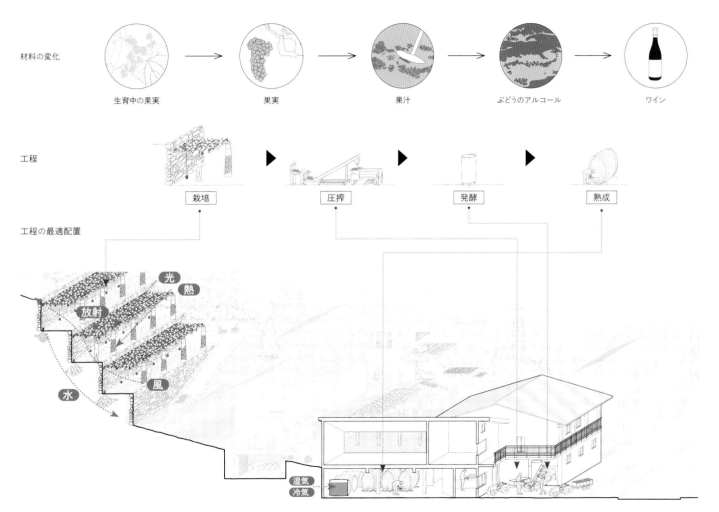

材料の変化

生育中の果実　　　果実　　　果汁　　　ぶどうのアルコール　　　ワイン

工程

栽培　　　圧搾　　　発酵　　　熟成

工程の最適配置

光
熱
放射
風
水

温気
冷気

アイソメ図とバレーセクション

アイソメ図：エコロジカル治具

　アイソメ図では、エコロジカル治具が地域にある光、熱、風といった資源を活用していることを捉える。

バレーセクション：フードスケープ

　バレーセクションでは、工程が地域の資源がある場所や、他の工程との隣接関係に応じて最適に配置されていることを捉える。その際、下記のようにバレーセクションを描いている。

　　上部：-近景：地形、資源、エコロジカル治具、食、工程

　　　　　-中景：エコロジカル治具の奥行きや反復

　　　　　 隣接する建物

　　　　　-遠景：資源をつくりだす山や川、海

　　下部：工程、エコロジカル治具、資源、人、道具

　スコットランド出身の都市計画家であり、生物学者、植物学者でもあるパトリック・ゲデスが1909年に描いた "Valley Section" では山から港町、海へと至るなだらかな地形が背景に描かれ、その下には、鉱山、針葉樹林、広葉樹林、牧草地、農園、海上には舟が描かれている。その下部には、それぞれの場所に対応する職業である鉱夫、木こり、猟師、羊飼い、農民、庭師、漁師が描かれる。

　ゲデスはバレーセクションを研究することは、"*自然が人々にどれだけ影響を与えたか (how far nature can be shown to have determined man)*" を理解するのに役立ち、それを "*地域と人種の相互適応 (mutual adaptation...of region and race)*" であると主張する。

　ここでは、ゲデスのバレーセクションを参照し、山、川、海、といった地形がつくりだす資源に適応してできるエコロジカル治具、食、工程、生産者、道具とその全体を描く。

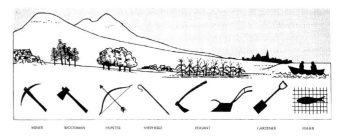

出典：Valley Section, 1909 ,Patrick Geddes

アイソメ図

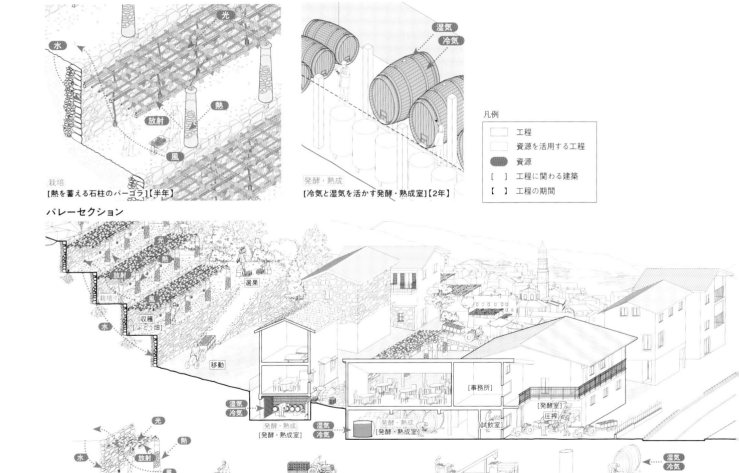

光
水
放射
熱
風

栽培
[熱を蓄える石柱のパーゴラ]【半年】

湿気
冷気

発酵・熟成
[冷気と湿気を活かす発酵・熟成室]【2年】

凡例

☐	工程
☐	資源を活用する工程
⬤	資源
[　]	工程に関わる建築
【　】	工程の期間

バレーセクション

光
放射
栽培地
水
収穫
[ぶどう畑]
移動
湿気
冷気
発酵・熟成
[発酵・熟成室]
光
熱
水
放射
風
栽培　収穫
選果
選果
移動
[事務所]
[発酵室]
圧搾
湿気
冷気
発酵・熟成
[発酵・熟成室]
[試飲室]
圧搾
発酵
発酵・熟成
湿気
冷気

19

イタリアのフードスケープ

Foodscape in Italy

　イタリアの市場へ出かけると、形や色、匂い、味が異なるチーズや生ハム、ワイン、トマトが並び、それぞれの地域の食がとても魅力的だ。ぶどうやレモンを育てる段々畑やパーゴラ、ニンニクやトマトを乾かし吊るすための窓辺や軒下、生ハムやチーズ、バルサミコ酢を発酵・熟成させるための室など、自然を食の生産に活かすことはイタリアの食文化に多様性をもたらしている。また、イタリアでは生産地と加工する場所が近く一つの村の中にまとまっていることも地域の風景を特徴づけることにつながっている。

カレマ村のワイン ─

ボルミダのワイン ─

ヴェッサーリコ村のニンニク ─

コロンナータのラルド* ─

トレンティーノの貴腐ワイン

ジベッロ村のクラテッロ

パルマハム*

モデナのバルサミコ酢

ヴェスヴィオ火山のトマト

アマルフィのレモン

マドニエのプロヴォラ*

トラパニの塩

0   500km

*はコラム

熱を蓄えることで夜間の冷気からぶどうを守る石柱のパーゴラ

カレマ村のワイン
Wine in Carema

～熱を蓄える石柱のパーゴラ・冷気と湿気を活かす発酵・熟成室（むろ）～

カレマ村

カレマ村は、トリノから車で北上して1時間程度、ピエモンテ州（Piemonte）とイタリア最北端のヴァッレ・ダオスタ州（Valle d'Aosta）の州境の寒冷地に位置する人口800人ほどの小さな村である。西アルプスの一部である海抜300〜600mのマーズ山（MonteMars）の足元から中腹には、ぶどうの段々畑が円形劇場のようにつくられ、その中心に集落や教会がある。カレマ村のワイン生産は1600年ごろの書物に記載があり、戦後のワイン生産の最盛期までは村の多くの人々が生業としていたという。カレマ村では主に赤ワインがつくられ、ぶどう品種は皮が黒いネッビオーロ（Nebbiolo）と呼ばれるものを使用する。ネッビオーロは

"ネッビア Nebbia（霧）"が出る10月ごろに収穫を行うため、その名がついたと言われている。カレマ村のワインの工程は、栽培、収穫、選定、圧搾、発酵、発酵・熟成の順に進められる。現在カレマ村では75名程の生産者がいるが、収穫されたぶどうは村の協同組合のワイナリーに集められて出荷される。

栽培：熱を蓄える石柱のパーゴラ

カレマ村は、寒冷地であるため、本来ぶどうの栽培にはあまり向いていない。しかし、この村ではパーゴラの柱を石柱にすることで、日中に熱を蓄え、夜間に放射して夜の冷気からぶどうを守ってきた。このドーリア式のように見える石柱は"ピルンpilun"

石柱と木梁のとりあい

収穫の様子

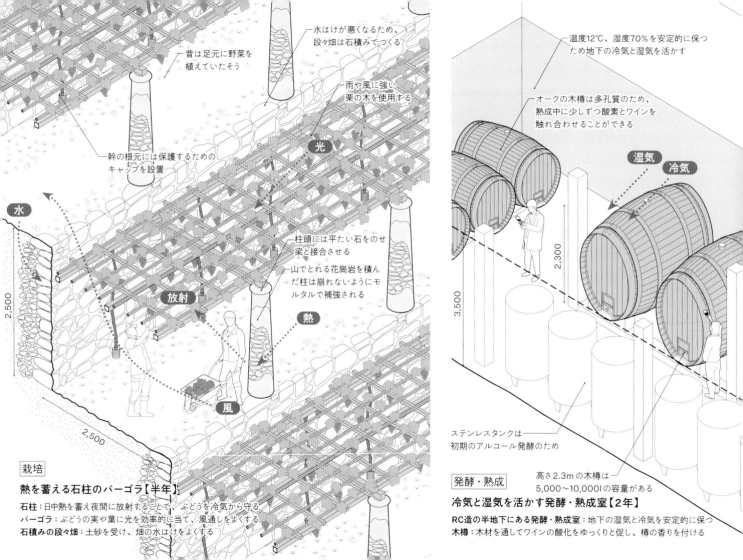

昔は足元に野菜を
植えていたそう

水はけが悪くなるため、
段々畑は石積みでつくる

雨や風に強い
栗の木を使用する

光

幹の根元には保護するための
キャップを設置

水

放射

熱

柱頭には平たい石をのせ
梁と接合させる

山でとれる花崗岩を積ん
だ柱は崩れないようにモ
ルタルで補強される

風

2,500

2,500

栽培

熱を蓄える石柱のパーゴラ【半年】

石柱：日中熱を蓄え夜間に放射することで、ぶどうを冷気から守る
パーゴラ：ぶどうの実や葉に光を効率的に当て、風通しをよくする
石積みの段々畑：土砂を受け、畑の水はけをよくする

温度12℃、湿度70%を安定的に保つ
ため地下の冷気と湿気を活かす

オークの木樽は多孔質のため、
熟成中に少しずつ酸素とワインを
触れ合わせることができる

湿気

冷気

2,300

3,500

ステンレスタンクは
初期のアルコール発酵のため

高さ2.3mの木樽は
5,000〜10,000lの容量がある

発酵・熟成

冷気と湿気を活かす発酵・熟成室【2年】

RC造の半地下にある発酵・熟成室：地下の湿気と冷気を安定的に保つ
木樽：木材を通してワインの酸化をゆっくりと促し、樽の香りを付ける

と呼ばれ、円錐台の柱に柱頭がのっている。石柱は村で取れる花崗岩を積み上げ、モルタルで固めてつくり、柱頭は平たい石をのせ、最後に栗の木の梁を反対側の石積みからかける。そうすることでぶどうの蔦を支えるパーゴラをつくるのである。また、栗の木のパーゴラは太陽の光をさんさんとぶどうの葉や実に均一に届け、風通しをよくし、石積みの段々畑は水はけをよくしている。ぶどうの根は石積み側に植えることで、人が収穫したり道具を運ぶための作業空間を確保している。石柱のパーゴラはこの村の至る所で見ることができるのだが、それぞれの家族の背丈に合わせて柱の高さが決まっているそうだ。

収穫、選果、圧搾、発酵

　ぶどうは10月中旬から収穫を行う。多くの畑では家族単位で栽培が行われているため、普段都心部やその他の仕事に従事している家族がこの時は集合し、収穫の手伝いや仕分けを行う。収穫を行ったぶどうをカゴの中に入れ、ひとつひとつ手作業で確認しながら、1級品と2級品に選別する。1級品はより色の濃いぶどうが選ばれる。その後、各家庭で収穫されたぶどうは斜面の足元にあるワイナリーに集められる。ぶどうの皮ごと圧搾を行い、ステンレス樽の中に入れて2〜3ヶ月程度アルコール発酵させる。

発酵・熟成：冷気と湿気を活かす発酵・熟成室（むろ）

　アルコール発酵の後、ブドウ果汁を大きな木樽の中に入れ、2年ほど発酵・熟成を行う。ワインの熟成は温度12℃、湿度70％を安定的に保つことが重要と言われている。村の発酵・熟成室はRC造でつくられ、半地下にあるため、地下の冷気と湿気が最適な環境条件を成り立たせているそうだ。また、オークの木樽を使用することで、木材を通してワインの中に酸素を少しずつ取り込み、穏やかに酸化を促し、木の香りをワインにつけることができるのである。

葡萄は1級品と2級品に選別される

収穫した葡萄を圧搾する

発酵・熟成室

石柱のパーゴラが村全体に広がるカレマ村の風景

カレマ村の風景

カレマ村では南西に開いた円形劇場状の地形に石柱が並び、斜面上部には段々畑が集約され、中央の集落には畑が入り込み、家と家の隙間や庭にも柱を同様に立て、ぶどうを栽培している。これは斜面地に降り注ぐ太陽の熱を少しでも多く活かしながらぶどうを育てようとした建築の知恵が風景となってあらわれている。

現在の熟成室は斜面足元に村全体のぶどうを集め、ワインを生産しているが、この村に組合の熟成室ができた1960年まではワインに関わるすべての工程を各家庭で行っていた。庭先で収穫したぶどうを、住戸の1階足元にある窓から地下に落として、発酵・熟成を行っていたのである。住戸の地下はレンガ室となっており、現在のRC造と同様、地下の湿気と冷気を活用して一定の温湿度環境を保っていたのである。

現在、この石柱は老朽化が進んでいるが、復旧と更新が村の人々の手によって行われている。壊れかけた柱をモルタルと石で復旧する。また、プレキャストコンクリートの柱でも、同じような微気候をパーゴラ内につくれることがわかり、今では柱の更新方法として採用されている。熱を活用する石柱は補修や現代技術による材料の置き換えを行いながら、変化する村の人々や生産の規模に適応し、カレマ村の風景を更新し続けるのである。

カレマ村の赤ワインは淡く新鮮で、花とミネラルのアクセントがある。口の中で厚いタンニンが広がり、持続性のある芳香が特徴的だ。

住戸の地下にある、かつて使われていた発酵・熟成室

モルタルと石で柱を復旧する

プレキャストコンクリートの柱

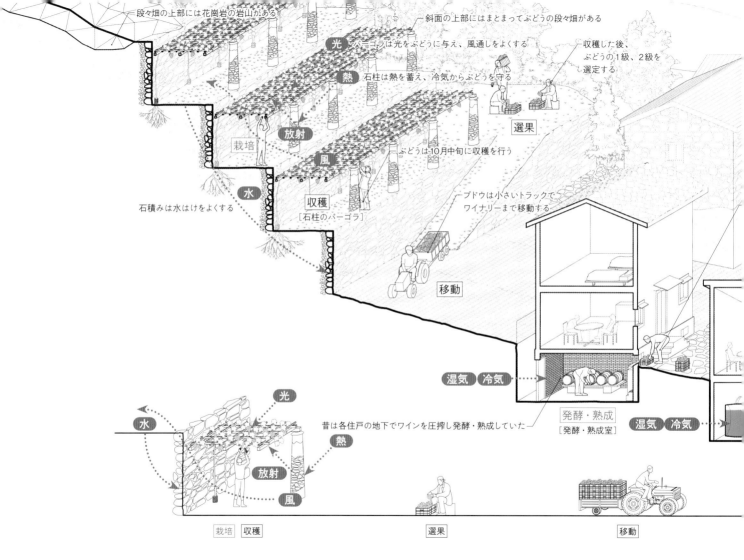

段々畑の上部には花崗岩の岩山がある

斜面の上部にはまとまってぶどうの段々畑がある

収穫した後、
ぶどうの1級、2級を
選定する

光 パーゴラは光をぶどうに与え、風通しをよくする

熱 石柱は熱を蓄え、冷気からぶどうを守る

放射

栽培

風

選果

ぶどうは10月中旬に収穫を行う

水

収穫

[石柱のパーゴラ]

石積みは水はけをよくする

ブドウは小さいトラックで
ワイナリーまで移動する

移動

湿気 冷気

光

水

熱

放射

風

昔は各住戸の地下でワインを圧搾し発酵・熟成していた

発酵・熟成
[発酵・熟成室]

湿気 冷気

栽培 収穫

選果

移動

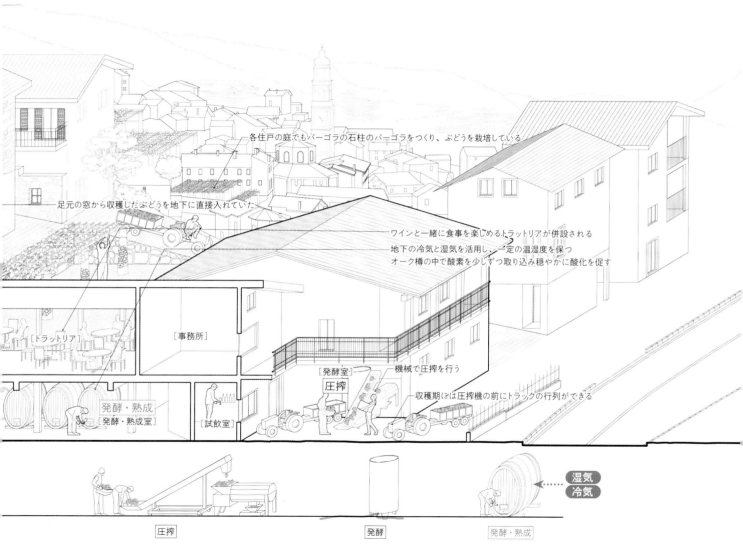

各住戸の庭でもパーゴラの石柱のパーゴラをつくり、ぶどうを栽培している

足元の窓から収穫したぶどうを地下に直接入れていた

ワインと一緒に食事を楽しめるトラットリアが併設される

地下の冷気と湿気を活用し、一定の温湿度を保つ

オーク樽の中で酸素を少しずつ取り込み穏やかに酸化を促す

[トラットリア]

[事務所]

発酵・熟成
[発酵・熟成室]

[試飲室]

[発酵室]
圧搾

機械で圧搾を行う

収穫期には圧搾機の前にトラックの行列ができる

湿気
冷気

圧搾

発酵

発酵・熟成

石積みの段々畑
南西に開いた円形劇場状の斜面にぶどう畑が広がっている

カレマ村の教会
村の中心に位置する教会

ワイナリー:Cantina dei produttori Nebbiolo di Carema
カンティーナ デイ プロドゥットーリ ネッビオーロ ディ カ レマ
生産者75名のぶどうをまとめて組合でワインを生産する

斜面下のロータリー
収穫時期の10月ごろは除梗待ちの荷台で渋滞ができる

1:5000
siteplan

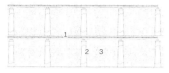

elevation

section 1:300

石柱のパーゴラ
1. パーゴラ
2. 石柱
3. 石積み

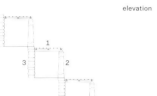

1F plan 1:500

ワイナリー
1. 乾燥室
2. 試飲室
3. 発酵・熟成室
4. 圧搾・荷下ろしスペース

栽培 ▶ 収穫 ▶ 選果 ▶ 除梗 ▶ 発酵 ▶ 滓引き ▶ 発酵・熟成 ▶ 清澄 ▶ 瓶詰め ▶ 瓶熟成

酵母

乳酸菌

アルコール発酵

マロラクティック発酵(MLF)

ブドウ糖 ────▶ アルコール ────▶ ワイン

リンゴ酸 ──────────────▶ 乳酸

カレマ村のワイン

生 産 地	Via Nazionale, 32 Carema (To), Italy
生 産 者	ワイナリー：Cantina dei produttori Nebbiolo di Carema ぶどう：村の生産者75名程
み ど き	収穫時期の10月中旬
気 温	19.7℃(最高)、−8.2℃(最低)
降 雨 量	1,244mm(年間)
生 産 工 程	栽培、収穫、圧搾、発酵、発酵・熟成、 滓引き、清澄・濾過、瓶詰め
建 築 と 資 源	栽培｜石柱のパーゴラと石積みの段々畑 〈熱・光・風・水〉 発酵・熟成｜半地下のRC発酵・熟成室 〈湿気・冷気〉

ネビオロ種のぶどう　　　カレマ村のワイン

@MapTailer

@OSM Contributors / OpenTopoMap

寒風を取り入れる窓のある発酵・熟成室

ボルミダのワイン
Wine in Bormida valley

〜熱を蓄える石積みの段々畑・寒風を取り入れる窓のある発酵・熟成室〜

ボルミダのコルテミーリア村

　ボルミダにあるコルテミーリア（Cortemilia）という村は、ピエモンテ州（Piemonte）の南西部、リグーリア州（Liguria）との州境に位置する。トリノとジェノバから、それぞれ車で1時間半程度の場所にある。ボルミダは標高300〜600mにあり、寒冷地でかつ急斜面地のため農作物を育てることが困難な地域である。19世紀に斜面地に石積みの段々畑をつくり、ワイン生産が始まったと言われている。コルテミーリアでは主に "ドルチェット（Dolcetto）" と呼ばれる品種の黒ぶどうを使用して赤ワインを生産している。ドルチェットはイタリア語で「小さくて甘いもの」の意で、ぶどうは甘くくだものとしても食べられていたという。ボルミダのワイン

の工程は、栽培、収穫、圧搾、発酵、発酵・熟成の順に進められる。今回は谷地の中腹にあり、近年石積みを補修しワイン生産をはじめた若手ワイナリーのパトローネ（Patrone）一家を訪れた。

栽培：熱を蓄える石積みの段々畑

　パトローネ一家のぶどう畑は南向きの斜面地に位置し、砂岩でつくられた石積みの段々畑は日中に熱を蓄え、夜間に熱を放射することで冷気からぶどうを守っている。石積みの隙間は水はけをよくするだけでなく、昆虫や野生の花、小動物の住処にもなる。斜面に対して石積みが続き、収穫は手作業のため、休憩や道具入れの場所として、途中にアーチ状の空間がある。ぶどうは、

熱を蓄える石積みの段々畑と垣根仕立て

石積みにはアーチ状の道具入れがある

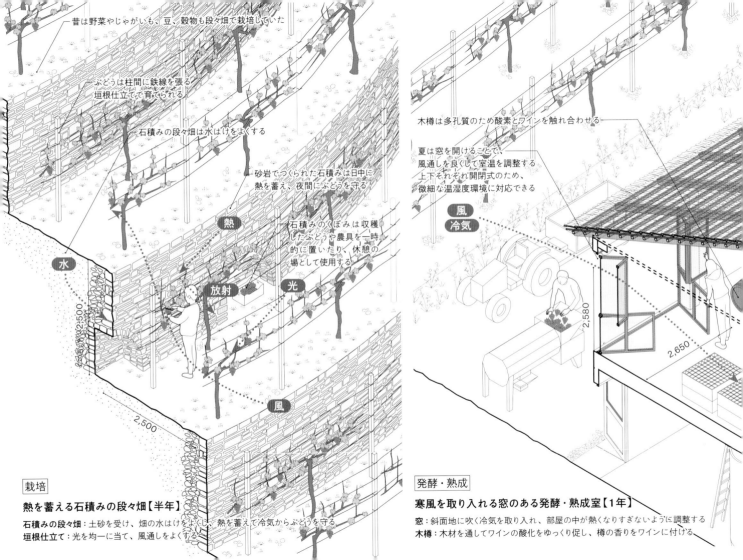

昔は野菜やじゃがいも、豆、穀物も段々畑で栽培していた

ぶどうは柱間に鉄線を張る
垣根仕立てで育てられる

石積みの段々畑は水はけをよくする

砂岩でつくられた石積みは日中に
熱を蓄え、夜間にぶどうを守る

石積みのくぼみは収穫
したぶどうや農具を一時
的に置いたり、休憩の
場として使用する

熱

放射

光

水

風

壁面高さ2,500

2,500

【栽培】

熱を蓄える石積みの段々畑【半年】

石積みの段々畑：土砂を受け、畑の水はけをよくし、熱を蓄えて冷気からぶどうを守る
垣根仕立て：光を均一に当て、風通しをよくする

木樽は多孔質のため酸素とワインを触れ合わせる

夏は窓を開けることで、
風通しを良くして室温を調整する
上下それぞれ開閉式のため、
微細な温湿度環境に対応できる

風
冷気

2,580

2,650

【発酵・熟成】

寒風を取り入れる窓のある発酵・熟成室【1年】

窓：斜面地に吹く冷気を取り入れ、部屋の中が熱くなりすぎないように調整する
木樽：木材を通してワインの酸化をゆっくり促し、樽の香りをワインに付ける

高さ2m、直径100mm程度の木の支柱の間に4段分に針金をはり、支柱間にぶどうの樹を植える垣根仕立てで栽培される。垣根仕立ては石積みと並行して配置することで、斜面に直行して南側から吹く風を受けやすくしている。また、高さの違う鉄線に成長した蔦や葉、実が絡むことで、均一に光を受ける。

収穫、圧搾、発酵

　栽培に関わる除草や収穫は全て手作業で行われる。収穫したぶどうはワイナリーへ運び、中庭にひろげて圧搾する。その後1階の室内にあるステンレス製のタンクでアルコール発酵を行う。

発酵・熟成：寒風を取り入れる窓のある発酵・熟成室

　アルコール発酵させたぶどう果汁は2階に移動され、木樽でマロラクティック発酵を行ったのち、ゆっくりと時間をかけて酸化させて熟成させる。通常、ワインの発酵・熟成は安定した温湿度環境下でゆっくりと熟成させることでより複雑なアロマや風味が生まれるため、温湿度変化の少ない地下に配置されることが多い。しかし、パトローネ一家のワイン熟成庫は2階に位置している。コルテミーリアは氷点下から25℃前後まで1年の寒暖差がある。そのため夏は窓を開けることで風通しをよくして室温を調節し、冬は窓を閉めることで適温を保っている。窓は複雑な機構をもち、微細な開閉の調整ができる。まず、上下がそれぞれ開閉式となっている。窓を開ける際は、中央にあるレバーハンドルをひねることで、緊結していた上下の窓を分離させる。下段は中央から内側に両開き、上段は中央の窓枠で折ることで、自由に窓の角度を調整できる。こうしてボルミダ谷で栽培されたぶどうは日々変わる温湿度との調整を窓を介して行いながら1年間の熟成を経て赤ワインとなる。

上段の窓は中央窓枠が折れ、自由に角度調整ができる

レバーを回し、窓を閉める

斜面南向きに段々畑をつくるボルミダの風景

ボルミダの風景

　ボルミダでは、斜面地に石積みの段々畑がつくられ、ぶどう栽培を行なっている。上空からボルミダをみると谷の北側、つまり南を向いた尾根部分に段々畑が集中している。これは寒冷地でぶどうを育てるため南向きの斜面地と石積みの段々畑で太陽の熱を多く活用するためだろう。小さい尾根ごとに段々畑があるが、多くは現在活用されていないという。第２次世界大戦以降ボルミダは都市部への人口流出により、荒廃農地となってしまった。しかし2001年後半にパトローネ一家のワイナリーのように地元の若者達が石積みの段々畑を使用したワイン生産を復活させた。石積みを用いたぶどう栽培は手間がかかるというが、太陽の熱を利用する生産方法は寒冷地のコルテミーリアでは不可欠なのだ。こうした自然との関わりのある生産を少しずつでも復活させることは、人々がそこで働き、食がつくるいきいきとした風景を再生させることなのである。

　赤ワインを口に含むと、やわらかく丸みのあるタンニンとほのかな土のような香りと甘みが口の中に広がった。

パトローネさんのワイナリー

南向きの斜面地に段々畑が集中する

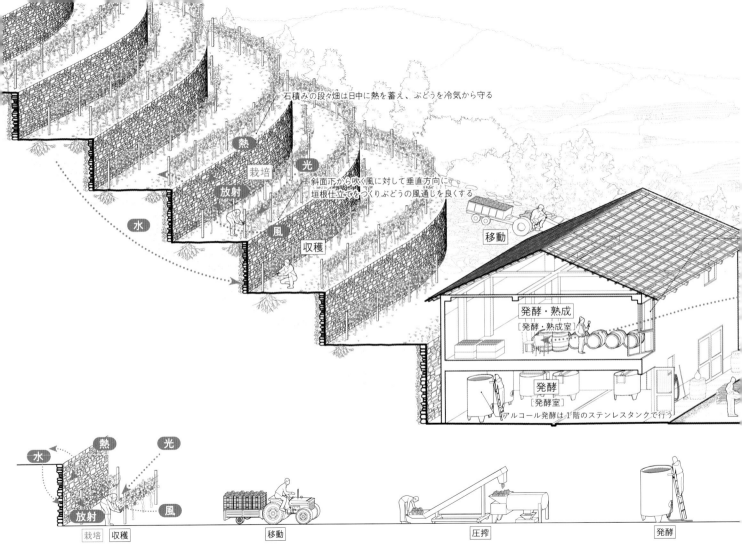

石積みの段々畑は日中に熱を蓄え、ぶどうを冷気から守る

熱

栽培

光

放射

斜面下から吹く風に対して垂直方向に
垣根仕立てでつくりぶどうの風通しを良くする

水

風

収穫

移動

発酵・熟成

[発酵・熟成室]

発酵

[発酵室]

アルコール発酵は 1 階のステンレスタンクで行う

水

熱

光

放射

風

栽培　収穫　　　　　移動　　　　　圧搾　　　　　発酵

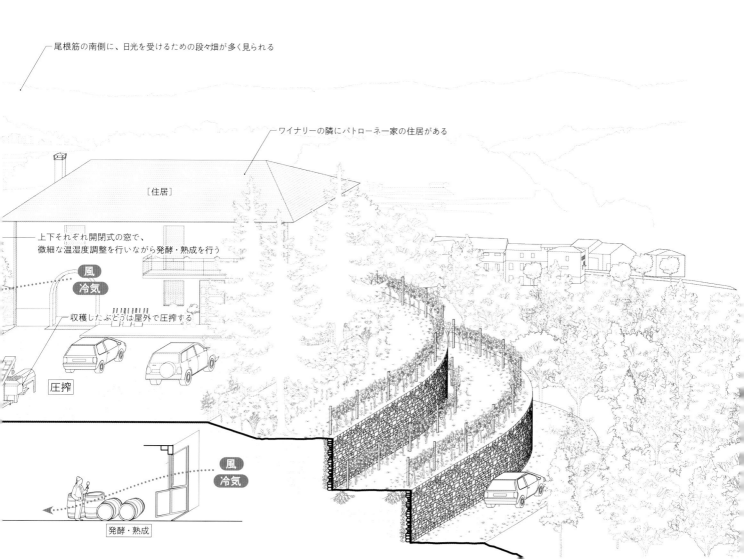

尾根筋の南側に、日光を受けるための段々畑が多く見られる

ワイナリーの隣にパトローネ一家の住居がある

［住居］

上下それぞれ開閉式の窓で、
微細な温湿度調整を行いながら発酵・熟成を行う

風
冷気

収穫したぶどうは屋外で圧搾する

圧搾

風
冷気

発酵・熟成

石積みの段々畑

日当たりの良い南向きの尾根筋の斜面地にぶどう畑を配置している

ワイナリー Patrone Vini
パトローネヴィニ

南側に窓を配置して冷気を取り込み発酵・熟成に最適な温熱環境を整える

1:5000
siteplan

elevation

section 1:300

2F plan

section 1:500

石積みの段々畑

1. 垣根仕立て
2. 石積み

ワイナリー

1. 発酵・熟成室
2. 発酵室
3. 事務室

栽培 ▶ 収穫 ▶ 選果 ▶ 除梗 ▶ 発酵 ▶ 滓引き ▶ 発酵・熟成 ▶ 清澄 ▶ 瓶詰め ▶ 瓶熟成

酵母　　　乳酸菌

アルコール発酵　　マロラクティック発酵(MLF)

ブドウ糖 ──────▶ アルコール ──────▶ ワイン

リンゴ酸 ──────▶ 乳酸

ボルミダのワイン

生 産 地	Strada Viarascio, 15 Cortemilia (Cn), Italy
生 産 者	Patrone Vini（パトローネ・ヴィーニ）
み ど き	収穫時期の9月中旬
気　　温	23.9℃（最高）、0℃（最低）
降 雨 量	1,244mm（年間）
生　産 工　程	栽培、収穫、徐梗・破砕、発酵、発酵・熟成、 滓引き、清澄・濾過、瓶詰め
建 築 と 資　源	栽培｜石積みの段々畑 〈熱・光・風・水〉 発酵・熟成｜窓のある発酵・熟成室 〈風・冷気〉

ドルチェット種のぶどう

ボルミダのワイン

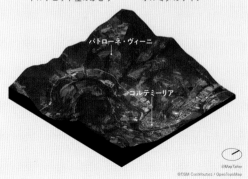

パトローネ・ヴィーニ

コルテミーリア

©MapTiler
©OSM Contributors / OpenTopoMap

ガルダ湖からの風を取り入れる窓のある乾燥室

トレンティーノの貴腐ワイン
Vino Santo in Trentino

～風通しをよくするＹ字パーゴラの段々畑・風を取り入れる窓のある乾燥室～

トレンティーノ

　トレンティーノは、ヴェローナ（Verona）を北に抜け、イタリアで1番大きなガルダ湖の湖沿いをさらに北へ車で1時間弱走り続けると到着する。イタリア北東部のトレンティーノ＝アルト・アディジェ州（Trentino Alto Adige）に属する県であり、オーストリア、スイスとの国境に位置する。このワインの詳細な生産地名は標高250～350mのヴァッレ・デイ・ラーギ（Valle dei Laghi）、直訳すると"湖の谷"と呼ばれ、この地域には小さな湖が南北に続く谷間に点々と位置し、細く長く流れる川がそれらとガルダ湖をつないでいる。連なる山々が周囲からの冷たい風を防ぐため、東アルプスに位置しながら、夏は23～25℃と地中海沿岸部のよう

な気候になる。そのため、イタリアだけでなく隣国からも避暑地として利用されツーリングやサイクリングを楽しむ人々の姿も見られる。

貴腐ワイン

　貴腐ワインとは、貴腐菌（ボテリティス・シネレア"Botrytis cinerea"）と呼ばれる菌をぶどうの皮に付着させることでつくられる甘口のデザートワインの一種である。貴腐菌は皮の表面を保護している蝋質を溶かし、ぶどうの水分を蒸発させることで、高糖度で菌特有の芳香を帯びるワインをつくることができる。しかし、この貴腐菌は"灰色かび病"を発症させる菌でもあり、温湿度の微細な調整が必要である。トレンティー

Ｙ字のトレンティーノ・パーゴラ

アレレと呼ばれる木棚にぶどうを並べる

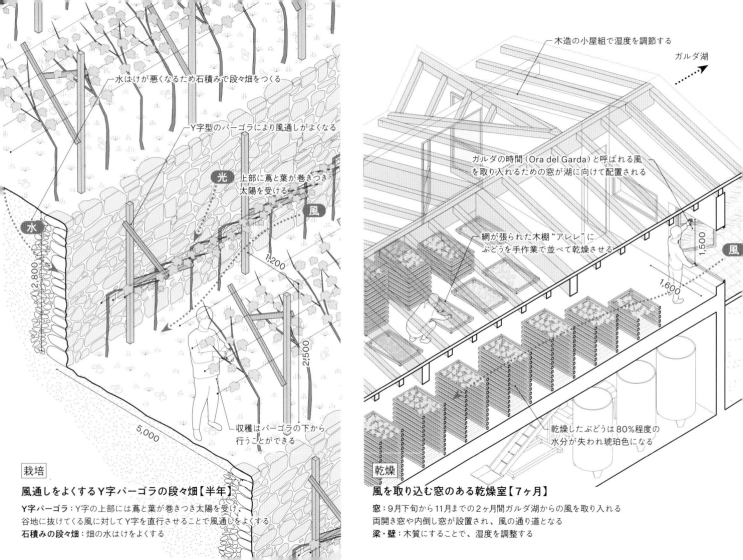

水はけが悪くなるため石積みで段々畑をつくる

Y字型のパーゴラにより風通しがよくなる

光

上部に蔦と葉が巻きつき
太陽を受ける

風

水

2,800

1,200

2,500

5,000

収穫はパーゴラの下から
行うことができる

栽培

風通しをよくするY字パーゴラの段々畑【半年】

Y字パーゴラ：Y字の上部には蔦と葉が巻きつき太陽を受け、
谷地に抜けてくる風に対してY字を直行させることで風通しをよくする
石積みの段々畑：畑の水はけをよくする

木造の小屋組で湿度を調節する

ガルダ湖

ガルダの時間（Ora del Garda）と呼ばれる風
を取り入れるための窓が湖に向けて配置される

網が張られた木棚"アレレ"に
ぶどうを手作業で並べて乾燥させる

1,500

風

1,600

乾燥したぶどうは80%程度の
水分が失われ琥珀色になる

乾燥

風を取り込む窓のある乾燥室【7ヶ月】

窓：9月下旬から11月までの2ヶ月間ガルダ湖からの風を取り入れる
両開き窓や内倒し窓が設置され、風の通り道となる
梁・壁：木質にすることで、湿度を調整する

ノの貴腐ワインはノジオラ（Nosiola）という品種の白ぶどうを使用する。工程は、栽培、乾燥、圧搾、発酵、発酵・熟成の順に進められる。今回、1912年創業で家族経営を行うワイナリー、ジノ・ペドロッティ（Gino Pedrotti）を訪れた。

栽培：風通しをよくするY字パーゴラの段々畑

　ノジオラは、多湿な気候に弱く感染病にかかりやすいため、栽培において水はけと風通しが重要になる。この地域では"トレンティーノ・パーゴラ"と呼ばれるY字に木材を組み合わせてその間に鉄線を張ったパーゴラを使用する。そうすることでY字の上部には蔦と葉が巻きつき太陽を受け、Y字下部にはぶどうが実る。谷地に抜けてくる風に対しY字を直行させることで、風の通りをよくすることができるのだ。また、水はけを良くするため石灰質砂岩の土壌に石積みの段々畑をつくる。この畑の土壌にいる貴腐菌がぶどうに付着する。

乾燥：風を取り入れる窓のある乾燥室

　ぶどうは、十分に熟した9月下旬に収穫される。その後ワイナリーの屋根裏部屋にある乾燥室に運び入れられる。ぶどうの房どうしが重なると風通しが悪くなってしまうため、ぶどうは離して並べ、空気が抜けるように網が張られた木棚に置いていく。この地域ではぶどうを乾燥させる木棚を"アレレ（Arele）"と呼ぶそうだ。ガルダ湖から北方向に谷を抜ける風が毎年9月末から吹き始める。"ガルダの時間（Ora del Garda）"と呼ばれるその風を屋根裏部屋に取り込むことで、ぶどうを乾燥させて糖度を濃縮させるのである。屋根裏部屋には短手両側に窓があり、一方は内倒し窓、もう一方は両開き窓が網戸とともに設けられる。このようにガルダ湖から吹く風の通り道に窓を設置する。11月になり、"ガルダの時間"が終わると、全開になっていた窓を閉じ、内倒し窓のみ換気のために開け続けるそうだ。その後ぶどうは、翌年のイースター（4月中旬）までの約7ヶ月間、屋根裏でゆっく

内倒しの窓から風を取り入れる

11月頃、水分を失い始めた琥珀色のぶどう

山々に囲まれるトレンティーノの風景

りと水分を失っていく。乾燥したぶどうは80%程度の水分が失われて、糖度が高まる。訪れた11月ごろにはまだ水分が残っていたが、白ぶどうは徐々に水分を失い始め、光を当てると、琥珀色をしていた。

圧搾

乾燥が終わり、水分が抜けてレーズンのようにしわしわになったぶどうは1階に運ばれ、皮ごと圧搾される。

発酵・熟成：地下の冷気と湿気を活用する地下のRC室の発酵・熟成室

圧搾後のぶどう果汁はオーク樽に入れられ、地下のRC室に移される。糖度が高いため、アルコール発酵は6～9年間と非常にゆっくりと進行し熟成される。15℃程度の安定した温湿度環境をつくるための、地下の冷気と湿気を活用するRCである。

トレンティーノの風景

トレンティーノではガルダ湖から南北にの

びる岩山に囲まれた谷地が続いている。別の場所でトレンティーノの貴腐ワインを生産するフランチェスコ・ポリ（Francesco Poli）さんを訪ねて見ると同じようにガルダ湖に向いて乾燥室に窓を設置していた。トレンティーノでは谷知の間に吹く風を利用したY字のトレンティーノ・パーゴラや乾燥室の窓がこの地域の風景を特徴づけているのである。

トレンティーノの貴腐ワインは乾燥ぶどうの色にオーク樽の木の色が移ったような濃い琥珀色をしている。口当たりはまろやかで、蜂蜜やレーズン、ヘーゼルナッツのような香りが口に広がる。ノジオラはイタリア語でヘーゼルナッツを意味するノッチョーラ（nocciola）が由来と言われ、ビスコッティと呼ばれるナッツなどが入ったビスケットと相性がいい。

地下の冷気と湿気を活用するRC室

ノジオラを育てている段々畑

フランチェスコさんのワイナリーの乾燥室

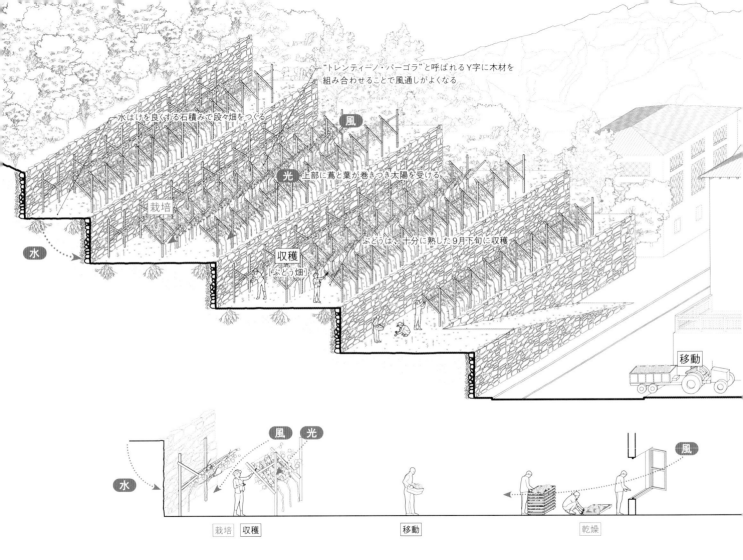

"トレンティーノ・パーゴラ"と呼ばれるY字に木材を
組み合わせることで風通しがよくなる

水はけを良くする石積みで段々畑をつくる

風

光 上部に蔦と葉が巻きつき太陽を受ける

栽培

収穫 ぶどうは、十分に熟した9月下旬に収穫

[ぶどう畑]

水

移動

風 光

水

栽培 収穫 移動 乾燥

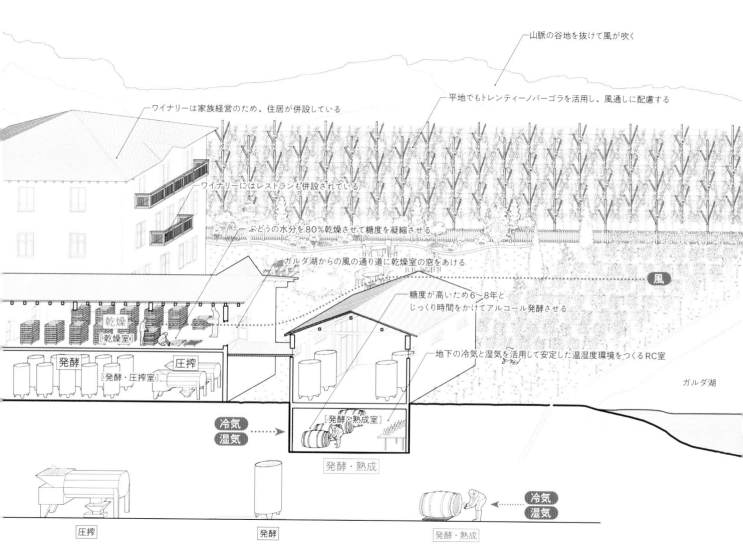

山脈の谷地を抜けて風が吹く

平地でもトレンティーノパーゴラを活用し、風通しに配慮する

ワイナリーは家族経営のため、住居が併設している

ワイナリーにはレストランも併設されている

ぶどうの水分を80%乾燥させて糖度を凝縮させる

ガルダ湖からの風の通り道に乾燥室の窓をあける

糖度が高いため6〜8年とじっくり時間をかけてアルコール発酵させる

地下の冷気と湿気を活用して安定した温湿度環境をつくるRC室

乾燥
[乾燥室]

発酵
[発酵・圧搾室]
圧搾

[発酵・熟成室]

風

ガルダ湖

冷気
湿気

圧搾

発酵

発酵・熟成

冷気
湿気

Y字のパーゴラの段々畑
ノジオラ品種は風通しの良い場所を好むため、
谷地の斜面で栽培する

ワイナリー:Gino Pedrotti
建物中央は乾燥室で、南側から吹く風
"ガルダの時間"を活用してぶどうを乾燥させる
建物北側の1階にレストラン、上階に家族の住居
建物南側の地下には発酵・熟成室がある

風:"ガルダの時間"
毎年9月末から南に位置するガルダ湖から谷沿いを抜けて吹いてくる

▼ガルダ湖

1:3000
siteplan

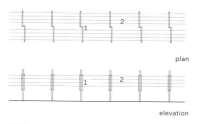

plan

elevation

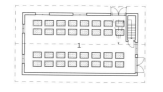

2F plan

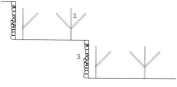

section 1:300

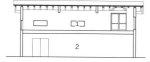

section 1:500

Y字バーゴラの段々畑

1. Y字バーゴラ
2. 鉄線
3. 石積み

乾燥室

1. 乾燥室
2. 発酵・圧搾室

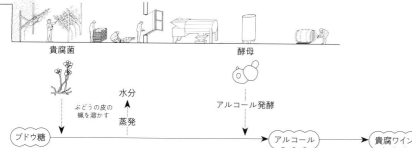

栽培 ▶ 収穫 ▶ 乾燥 ▶ 圧搾 ▶ 発酵 ▶ 滓引き ▶ 熟成 ▶ 清澄・濾過 ▶ 瓶熟成

貴腐菌　　　　　　　　　　　　　酵母

ぶどうの皮の
蝋を溶かす

水分

蒸発

アルコール発酵

ブドウ糖 ──────────────▶ アルコール ──▶ 貴腐ワイン

トレンティーノの貴腐ワイン

生産地	Via Cavedine, 7, 38073 Lago TN, Italy
生産者	Gino Pedrotti（ジノ・ペドロッティ）
みどき	収穫 9月下旬、乾燥 11月
気温	23.6℃（最高）、−2.1℃（最低）
降雨量	1,318mm（年間）
生産工程	栽培、収穫、徐梗・破砕、発酵、 発酵・熟成、滓引き、清澄・濾過、瓶詰め
建築と資源	栽培｜Y字のバーゴラの段々畑 〈光・風・水〉 乾燥｜窓のある乾燥室 〈風・湿気〉 発酵・熟成｜地下のRC発酵・熟成室 〈湿気・冷気〉

ノジオラ種のぶどう

トレンティーノの
貴腐ワイン

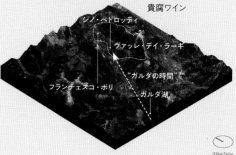

ジノ・ペドロッティ

ヴァッレ・デイ・ラーギ

"ガルダの時間"

フランチェスコ・ボリ

ガルダ湖

©MapTailer

©OSM Contributors / OpenTopoMap

風通しを調整できるガラリ窓のある乾燥室と作業中のロベルトさん

ヴェッサーリコ村のニンニク

Garlic in Vessalico

乾物 / リグーリア
Dried-food / Liguria

～風を通す乾燥小屋・風通しを調整できるガラリ窓のある乾燥室～

ヴェッサーリコ

　ヴェッサーリコはジェノバから海岸沿いを西に車を2時間走らせ、アロッシャー谷（Valle Arroscia）の山間にある300人ほどの人々が暮らす小さな村である。イタリア北西部のリグーリア州（Liguria）に位置し、海抜300～600mの小高い山々に囲まれており、気候は温暖で3～25℃程度である。日本で店頭に並ぶニンニクは球根のみになっているが、ヴェッサーリコのニンニクは収穫時、茎切りを行わない。茎を残し、3つ編み状にした状態で出荷することで保存期間を長くできるという。ヴェッサーリコでのニンニク栽培の歴史は古く、毎年7月2日に開催される"ニンニク市（fiera dell'aglio）"は18世紀から始まったと言わ

れる。工程は、栽培、収穫、乾燥、皮むき、仕分け、編込み、乾燥の順に進められる。今回、ロベルト・マリーニ（Roberto Marini）さんの工房を訪れた。

栽培、収穫

　畑は南向きの斜面地にあり、石積みで小さな平地の畑をつくり栽培を行なっている。10～11月に畝をつくり球根をばらしたタネを植え、土で覆う。ニンニクは水はけを好みつつ水もちの良い土を好む。ヴェッサーリコの土は粘土質だが透水性がよく、さらに石積みで水はけをよくしている。畑は連作障害を避けるため、じゃがいもや、えんどう豆、そら豆の畑と2年に1度交互に植え替える輪作を行う。1月上旬に芽が出て、

ヴェッサーリコ村

粘土質で透水性の良い畑

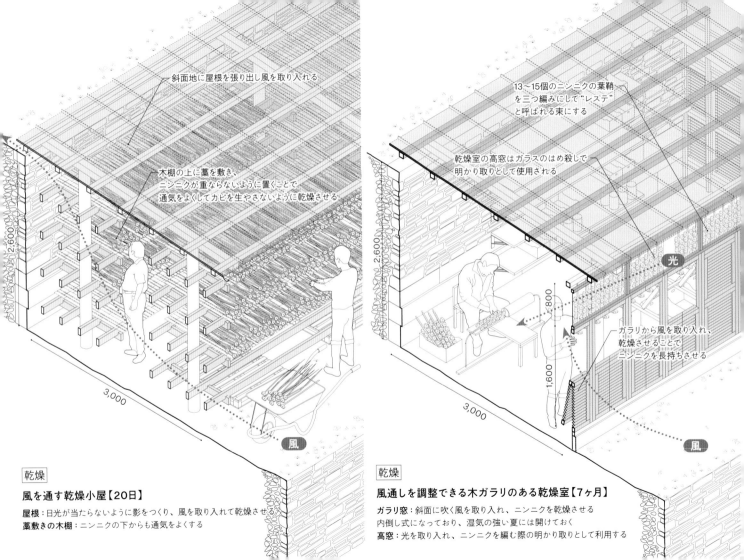

斜面地に屋根を張り出し風を取り入れる

木棚の上に藁を敷き、
ニンニクが重ならないように置くことで
通気をよくしてカビを生やさないように乾燥させる

2,600

3,000

風

乾燥

風を通す乾燥小屋【20日】

屋根：日光が当たらないように影をつくり、風を取り入れて乾燥させる
藁敷きの木棚：ニンニクの下からも通気をよくする

13～15個のニンニクの葉鞘
を三つ編みにして"レステ"
と呼ばれる束にする

乾燥室の高窓はガラスのはめ殺しで
明かり取りとして使用される

光

2,600

800

1,600

ガラリから風を取り入れ、
乾燥させることで
ニンニクを長持ちさせる

3,000

風

乾燥

風通しを調整できる木ガラリのある乾燥室【7ヶ月】

ガラリ窓：斜面に吹く風を取り入れ、ニンニクを乾燥させる
内倒し式になっており、湿気の強い夏には開けておく
高窓：光を取り入れ、ニンニクを編む際の明かり取りとして利用する

日差しが明るくなる3月ごろから少しずつ大きくなり、初夏に入ると急速に葉が伸びて地中の球根が肥大する。そして、葉先が黄色くなり折れ曲がってきたら収穫どきだ。収穫は手作業で6月20日以降に行う。

乾燥：風を通す乾燥小屋

収穫したニンニクは畑に3〜5日天日に置いてから、乾燥小屋へ移動し20日間乾燥させる。通気をよくしカビが生えないように、また日焼けをしないように太陽が当たらない状態で乾燥させる。乾燥小屋は壁がなく、斜面地に屋根を張り出し風を受けるように立っており、その木棚の上に藁を敷き、互いに重なり合わないようにニンニクを置いていく。

皮むき、仕分け

20日間の乾燥が終わると、ニンニクの一番外側の皮を剥いて、きれいにし、20〜80mmまで球根の大きさごとに仕分けする。

編込み、乾燥：風通しを調整できる木ガラリのある乾燥室

ニンニクは根、鱗茎（りんけい）（球根部分）、葉鞘に分けられる。通常収穫が終わった段階で鱗茎から根と葉鞘を切り取るが、ヴェッサーリコ村ではそのまま出荷する。仕分けが終わると乾燥室で13〜15個のニンニクの葉鞘を3つ編みにして"レステ（Reste）"と呼ばれる束にする。こうすることで、鱗茎の内側にある発芽葉が休眠から覚めにくくなるだけでなく、根や葉鞘から養分を鱗茎に集め続けることができるという。茎を編む際はロベルトさんが製作した専用の作業机で行う。2、3個のニンニクを中心の茎として、下からニンニクをひとつずつひと巻きさせて固定し、最後に3つ編みにして束にして、ネットで包み込む。その際、乾燥室の高窓に設置されているガラスのはめ殺し窓は明かり取りとして使用されている。

ニンニクをより新鮮に長期間保存するために、室内の窓際に吊るす。この時、影をつくりニンニクの束の下に微風を送り続け、

風を通す乾燥小屋

一番外側の皮を剥く

ロベルトさん自作のニンニク編込み作業台

明かり取りの高窓と、ニンニクの下から風を取り入れるためのガラリ窓

高温多湿にしないことが大切だという。乾燥室は木ガラリが2枚縦積みになり、その上にガラスのはめ殺しの高窓が設置されている。木ガラリによって、南方のリグーリア海から山間に向かって吹く風を取り入れることができ、ニンニクを長持ちさせる。また、中間部の木ガラリが内倒し窓になっていることで、夏の間の暑い時期や風が吹かない時期に、少しでも多くの風を取り入れ、湿度を調節することができるのである。こうして乾燥されたニンニクは出荷された後も7〜8ヶ月食べ続けることができる。

ヴェッサーリコ村の風景

　アロッシャー谷の中腹にあるヴェッサーリコ村ではリグーリア海を望むことができる。リグーリア海から斜面に向かって吹く風に対し、庇のある乾燥小屋、ガラリのある乾燥小屋、そしてレステというニンニクの束を吊るすことが、ヴェッサーリコ村での食の風景をつくっている。

ニンニクは濃厚な香りと舌の上がピリリとするスパイシーな味が特徴的だ。ニンニクと卵、オリーブオイルを混ぜてつくったマヨネーズは"アイエ（Aiè）"と呼ばれ、マヨネーズをパンに塗って食べる料理は地域の伝統食である。

乾燥室の天井にニンニクを吊るすロベルトさん

ガラリと窓によって立面がつくられる乾燥室

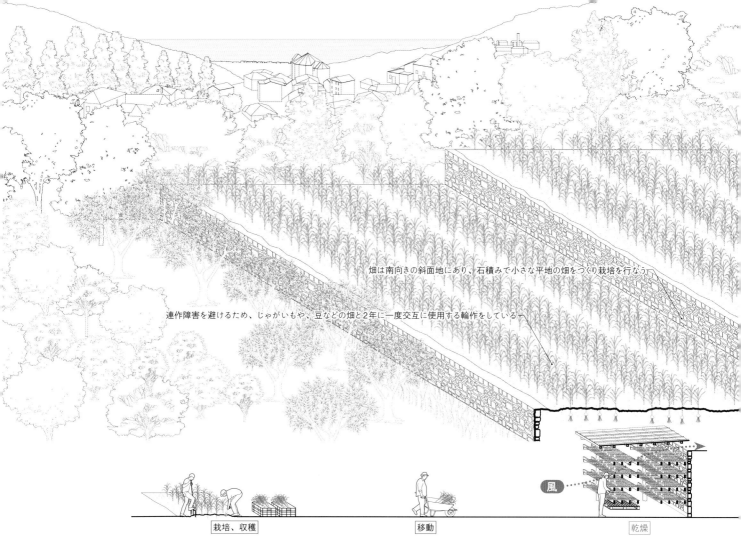

畑は南向きの斜面地にあり、石積みで小さな平地の畑をつくり栽培を行なう

連作障害を避けるため、じゃがいもや、豆などの畑と2年に一度交互に使用する輪作をしている

風

栽培、収穫   移動   乾燥

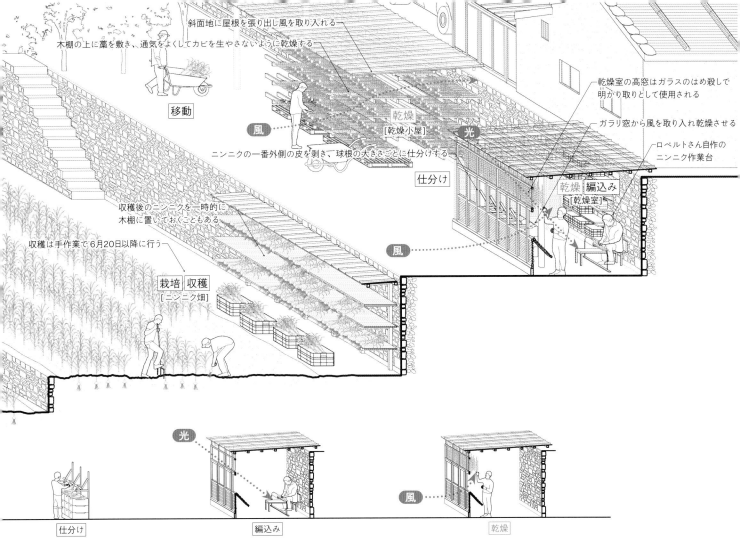

斜面地に屋根を張り出し風を取り入れる

木棚の上に藁を敷き、通気をよくしてカビを生やさないように乾燥する

移動

乾燥室の高窓はガラスのはめ殺しで明かり取りとして使用される

ガラリ窓から風を取り入れ乾燥させる

ロベルトさん自作のニンニク作業台

乾燥
[乾燥小屋]

風

ニンニクの一番外側の皮を剥き、球根の大きさごとに仕分けする

光

仕分け

乾燥 編込み
[乾燥室]

収穫後のニンニクを一時的に
木棚に置いておくこともある

風

収穫は手作業で6月20日以降に行う

栽培 収穫
[ニンニク畑]

光

風

仕分け

編込み

乾燥

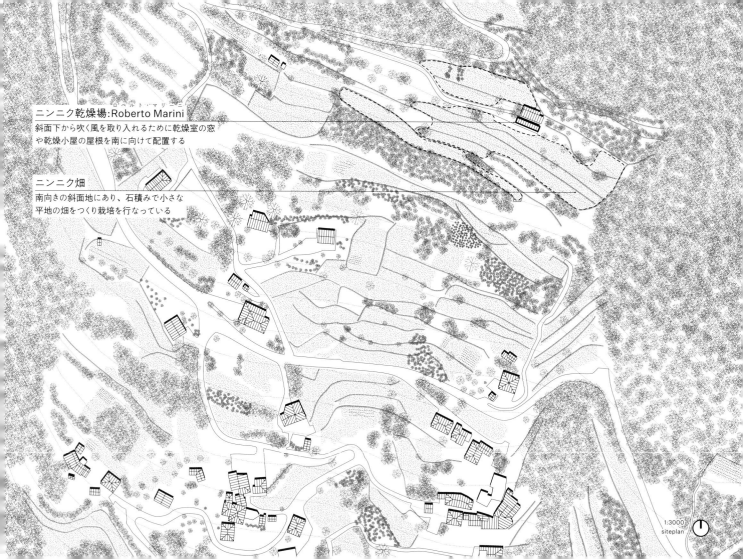

ニンニク乾燥場:Roberto Marini
ロベルト・マリーニ
斜面下から吹く風を取り入れるために乾燥室の窓
や乾燥小屋の屋根を南に向けて配置する

ニンニク畑
南向きの斜面地にあり、石積みで小さな
平地の畑をつくり栽培を行なっている

1:3000
siteplan

elevation

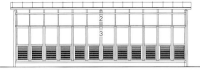

elevation

section 1:200

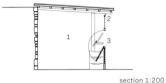

section 1:200

乾燥小屋
1. 木棚
2. 石積み

乾燥室
1. 乾燥室
2. ガラスの高窓
3. ガラリ

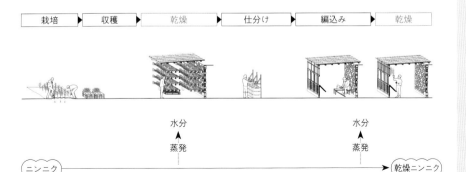

| 栽培 | ▶ | 収穫 | ▶ | 乾燥 | ▶ | 仕分け | ▶ | 編込み | ▶ | 乾燥 |

水分　　　　　水分
↑　　　　　　↑
蒸発　　　　　蒸発

ニンニク　──────────────▶　乾燥ニンニク

乾燥　　　　　乾燥

ヴェッサーリコ村のニンニク

生 産 地	Borgata Canto, 11Aquila D'arroscia, IM, Italy
生 産 者	Roberto Marini（ロベルト・マリーニ）
み ど き	編込み、乾燥7月中旬
気 温	24.6℃（最高）、2.7℃（最低）
降 雨 量	1,061mm（年間）
生 産 工 程	栽培、収穫、乾燥、皮むき、仕分け、編込み、乾燥
建 築 と 資 源	乾燥｜風通しをよくする乾燥小屋〈風〉 乾燥｜風通しを調整できる木ガラリのある乾燥室〈風〉

皮むき後のニンニク

ニンニクの束"レステ"

ロベルト・マリーニ

ヴェッサーリコ

@MapTailer

@OSM Contributors / OpenTopoMap

風と湿気を取り入れる窓と湿度を増幅するレンガ造の発酵・熟成室

ジベッロ村のクラテッロ
Culatello in Zibello

生ハム / エミリア=ロマーニャ州
Dri-cured ham / Emilia-Romagna

～風と湿気を取入れる窓と湿度を増幅するレンガ造の発酵・熟成室～

ジベッロ村

　ジベッロ村は、パルマから北西方向に30分車を走らせると到着する、イタリア中心部のエミリア=ロマーニャ州（Emilia-Romagna）に位置する人口2000人程度の村である。ジベッロ村を訪れたのは11月ごろ、まだ昼の3時にもかかわらず、村は霧に覆われ、ヘッドライトをつけないと前が霞んで見えなくなってしまう。ここジベッロ村はイタリア最長の川、ポー川に近接する平原地帯で湿度が高く、冬になり気温が下がると空中の水蒸気が小さな水の粒となることで、霧に包まれる。クラテッロはこの冬の間の霧を活かしながらつくる生ハムである。

クラテッロ

　クラテッロとは豚の腿肉（ももにく）の臀部（でんぶ）の肉だけを使用し、膀胱で包み紐でくくって吊るして熟成させた生ハムである。イタリア産の生ハムで想像されるプロシュット（Prosciutto di Parma）は腿肉全体を使用し、豚足ごと吊るして熟成したもの。プロシュットはパルマ南方の山脈の谷沿いに位置する風通しのよいランギラーノ村でつくられる一方、クラテッロはパルマ北部の川に近接するジベッロ村のような、湿度の高い平地で生産される。今回、現在もジベッロ村で昔ながらの製法でクラテッロを生産しているアルフレッド・マニャーニさん（Alfredo Magnani）の工房を訪れた。

パルマから工房までの道

風との関係を語るアルフレッドさん

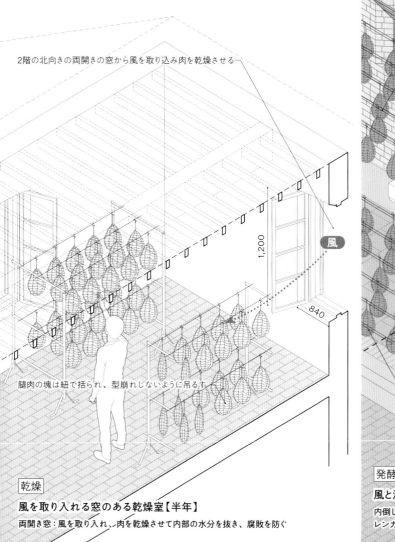

2階の北向きの両開きの窓から風を取り込み肉を乾燥させる

1,200

840

風

腿肉の塊は紐で括られ、型崩れしないように吊るす

風を取り入れる窓のある乾燥室【半年】

両開き窓：風を取り入れ、肉を乾燥させて内部の水分を抜き、腐敗を防ぐ

レンガ造や、レンガの床は湿度を増幅させ85％程度になる

天井から単管を吊り、紐をフックに引っ掛けて肉を吊る

ポー川のある北向きの窓から湿気を含んだ風を取り込み、発酵を促す

風
湿気

1,200

1,200

840

クラテッロの表面にはカビが綿のように付着し、独特な香りをつくる

風と湿気を取入れる窓と湿度を増幅するレンガ造の発酵・熟成室【1年半】

内倒し窓：冬場にポー川から吹く湿気を含んだ風を取り入れる

レンガ壁・床：多孔質のため、湿度を増幅させる

飼育、屠殺、塩漬け、紐つけ

　クラテッロに使用される豚は、獣医師であるアルフレッドさんの息子によって、生まれてから9〜12ヶ月の時点で200kg程度のものが選定される。豚が新鮮な状態で加工されるように、屠殺から解体までの時間は48時間以内に行うよう定められている。そのため豚が運ばれてくるとすぐさま部位ごとに解体し、クラテッロに使用する臀部の塩漬けをする。塩漬けは塩と胡椒のみを使用し、10日間ほど冷蔵庫にて保管する。その後、豚の膀胱を使用して袋詰めを行い、形崩れしないよう紐付けを行う。

乾燥：風を取り入れる窓のある乾燥室

　下処理が終わった後、クラテッロは2階の北向きの窓のある風通しのいい部屋に運ばれる。外側に開く木製の両開きの窓と網戸がつき、部屋内には両開きの窓が設置されている。鋼製の脚の間に単管を架け、紐にフックを架けて肉を吊るす。窓を開き風を取り入れることで肉の中から水分を抜いていくのである。塩漬けして浸透圧で水分を肉の外へ出し、乾燥させることで、水分を無くす。また、この際にカビが生えてくるのだが、定期的にカビ取りを行う。

発酵・熟成：風と湿気を取入れる窓と湿度を増幅するレンガ造の発酵・熟成室

　1階の発酵・熟成室では、同じように北向きに内倒しの窓が設置される。肉は天井から単管を吊り、紐をフックに引っ掛けて吊るす。11月から1月には氷点下まで気温が下がり、ポー川の水蒸気により霧が発生する。この湿気を含んだ重たい風は北側に位置するポー川から南側に流れ、窓から入り込み肉にカビが取り付き発酵を促す。1年半のうちはじめの6ヶ月間は、天井付近に肉を吊るし、発酵させ、残りの12ヶ月は他のものと入れ替えながらゆっくりと熟成を行う。また、あらわしのレンガ造やモルタルの床は、多孔質のため取り込まれた水蒸気を室内に溜め込み、さらに湿度を増幅させることで85%程度の湿度環境をつくる。こう

窓を開けて風を取り入れることで肉を乾燥させる

単管に肉を吊るして発酵・熟成させる

スピガローリさんの工房も同様にレンガ造りの室に窓が配置される

して湿度の高い部屋の中に肉を吊り下げておくことで肉の表面にカビがつき始める。カビがつくと酵素によりタンパク質が分解され、肉の表面に穴があき、水分が失われていくのである。またこのカビはクラテッロの表面で綿のように付着する。この大量に付着したカビがこの地域特有の風味の生ハムをつくることになる。

ジベッロ村の風景

ジベッロ村のある平原地帯には11月から霧がかかり、ポー川から湿気を含んだ風が吹く。別の場所にあるマッシモ・スピガローリさん（Massimo Spigaroli）の工房を訪ねてみると古いレンガ造の城を改修し、半地下の発酵・熟成室で上部に窓をあけて風を取り入れながらクラテッロを生産していた。こちらも室内の湿度はとても高く、床、壁、天井が全てレンガ造のあらわしであった。このようにクラテッロを生産する工房では共通して、ポー川に向けた湿気を取り込むための高窓を設置し、湿度を高めることができるレンガ造の建物の特性を上手に使用している。

クラテッロはカビを落とし、薄くスライスして食べる。食べ方は少し独特で、手でつまんで頭の上に持ち上げて、ワインの様にまずはその色と香りを楽しんだ後、顔を上に向けたまま口に運ぶ。これがクラテッロの色、匂い、味を1番楽しめる方法だという。そうして食べたクラテッロは、しっとりとしていて、まろやかな甘みが口の中に広がり溶けていった。

カビが付着して独特な風味を生み出す

アルフレッドさんの工房

レンガ造の城を改修したスピガローリさんの工房

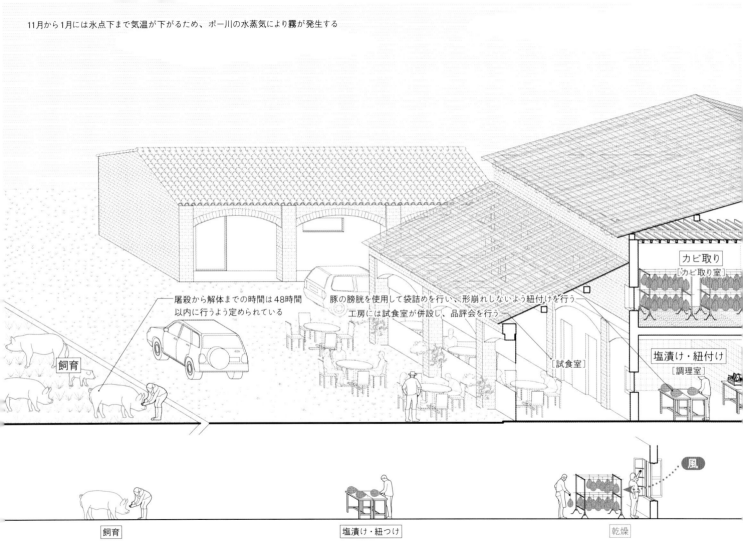

11月から1月には氷点下まで気温が下がるため、ポー川の水蒸気により霧が発生する

屠殺から解体までの時間は48時間以内に行うよう定められている

豚の膀胱を使用して袋詰めを行い、形崩れしないよう紐付けを行う
工房には試食室が併設し、品評会を行う

飼育

[試食室]

カビ取り
[カビ取り室]

塩漬け・紐付け
[調理室]

風

飼育

塩漬け・紐つけ

乾燥

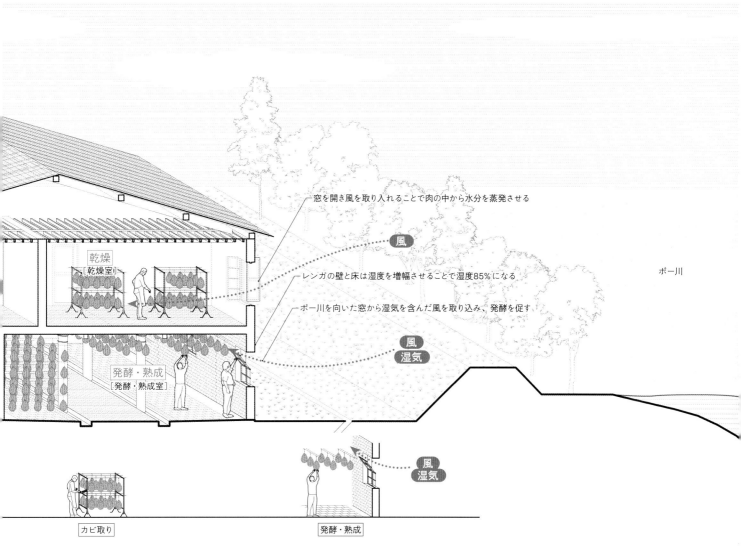

窓を開き風を取り入れることで肉の中から水分を蒸発させる

風

レンガの壁と床は湿度を増幅させることで湿度85%になる

ポー川を向いた窓から湿気を含んだ風を取り込み、発酵を促す

風
湿気

ポー川

乾燥
[乾燥室]

発酵・熟成
[発酵・熟成室]

風
湿気

カビ取り

発酵・熟成

ポー川から吹く風
湿気を含んだ風が冬の間ポー川から吹く

クラテッロ工房:Bré Del Gallo
ブル・デル・ガッロ
北側に位置するポー川に向けて乾燥室と発酵・熟成室に窓が設けられている。南側には試食室や売店もあり、来客者がその場でクラテッロを楽しむことができる。

1:2000
siteplan

1F plan

section 1:500

クラテッロ工房

1. 乾燥室
2. 発酵・熟成室
3. 調理室
4. 試食室

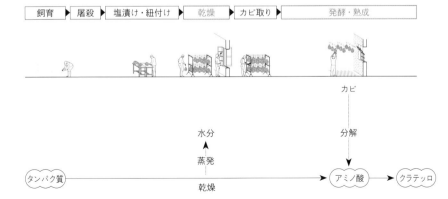

| 飼育 | 屠殺 | 塩漬け・紐付け | 乾燥 | カビ取り | 発酵・熟成 |

カビ

分解

水分
↑
蒸発

タンパク質 → アミノ酸 → クラテッロ
乾燥

ジベッロ村のクラテッロ

生 産 地	Str. Quarta, 17, 43010 Fontanelle PR, Italy
生 産 者	Bré Del Gallo（ブレ・デル・ガッロ）
みどき	編込み、乾燥7月中旬
気　　温	30.1℃（最高）、−0.4℃（最低）
降 雨 量	890mm（年間）
生　産 工　程	飼育・屠殺、塩付け・紐つけ、<u>乾燥</u>、カビ取り、 <u>発酵・熟成</u>
建 築 と 資　源	<u>乾燥</u>｜風を取り入れる窓のある乾燥室 〈風〉 <u>発酵・熟成</u>｜風と湿気を取入れる窓と温度を増幅す るレンガ造の発酵・熟成室 〈風、湿気〉

発酵・熟成中のクラテッロ

クラテッロ

ポー川
マッシモ・スピガローリ
湿気を含んだ風
ブレ・デル・ガッロ
パルマ

@MapTailer

@OSM Contributors / OpenTopoMap

パルマハム
Prosciutto in Parma

生ハム / エミリア＝ロマーニャ州
Dry-cured ham/Emilia-Romagna

〜風を取入れる窓のある乾燥室と湿度を増幅するタイル床の発酵・熟成室〜

　パルマより南に車を走らせて1時間、ポー平原を抜けるとパルマ川が中央に流れる緩やかな谷地にある町、ランギラーノが見えてくる。ランギラーノには200社ほどパルマハムの工房がある。パルマハムはイタリア語で"プロシュット・ディ・パルマ（Prosciutto di Parma）"と呼ばれ、ラテン語の「乾いた"perexsuctum"」が語源であると言われている。今回、パルマハムの生産を1969年から行なっているレポラティ（Leporati）を訪れた。

　パルマハムの工程は塩漬、除塩、パテ塗り、乾燥、発酵・熟成の順で進められる。乾燥の工程では2階の風通しの良い乾燥室へ移動し、夏の朝は窓を開け、冬は日中に窓を開けて新鮮な風を通す。この風は南方のパルマ川の谷地を沿って吹く風だ。

縦長の片引き窓が連続して設置され、窓を開けることで肉から水分を抜き硬化させる。その後地下の熟成室に移動され、木枠に肉がかけかえられ発酵・熟成が行われる。床は多孔質のタイル張りとすることで湿度を高く保てるそうだ。湿度の高い部屋でカビを生やし、独特な香りを付けていく。このように、ランギラーノではパルマ川から吹く風を活かすため、工房の長手方向に縦長の窓をずらりと配置している工房が多く、この地域の特徴的な風景をなしている。

パルマ川から吹く風を取り入れる窓

パルマハム工房の立面には窓がずらりと並ぶ

湿度を増幅するタイル床の発酵・熟成室

コロンナータのラルド
Lardo in Colonnata

生ハム／トスカーナ州
Dry-cured ham / Toscana

～表面温度を低く保つ大理石の熟成室～

コロンナータはフィレンツェから西に車を走らせて2時間、大理石の採掘場近くの村である。カラーラマーブル（Carrara Marble）と呼ばれる純白の大理石の採掘は古代ローマ時代から始まったと言われミケランジェロのダビデ像や建築家のアルヴァ・アールトのフィンランディアホールの外壁に使用されたことで知られている。驚くべきことに、この村では建材として使用される大理石を使用して生ハムのラルドをつくっている。起源は定かではないが、古くからコロンナータでは豚の飼育が行われ、採掘場で働く男たちが必要なカロリーを補うため、豚の背脂を加工しパンと共に食べていたと言われている。ラルドの生産はとてもシンプルで、仕入れた背脂を塩漬けにして熟成する。

"コンカ（Conca）"と呼ばれる50cm程度の深さの大理石でつくられた容器の中に、豚の背脂と黒胡椒、ローズマリー、皮をむいて刻んだニンニク、その他セージやクミンなどを入れる。熟成は9月から5月の間に、両開きの窓をあけ、海風を取り入れながら行う。大理石の容器の中で香辛料とともに熟成が行われ、肉の水分が抜けて香辛料の溶液ができ、味付けされる。大理石を使用するのは、表面温度が低く熟成に最適な温度を一定に保つことができるからだと言われている。この熟成室では内装にも大理石を使用していたが温度調整のためかは定かではない。

コロンナータのラルドは薄切りにし、焼いたパンと共に食べると、甘く舌の上でとろける。

店舗の奥に熟成室がある

大理石でつくられた熟成室

ラードをつくる大理石の容器"コンカ"

カラーマーブルの採石場

年間の寒暖差を活かす窓のある発酵・熟成室

モデナのバルサミコ酢
Balsamic vinegar in Modena

〜風通しをよくするパーゴラ・寒暖差を活かす窓のある発酵・熟成室〜

モデナ

　モデナはボローニャとパルマの間、エミリア＝ロマーニャ州（Emilia-Romagna）にある人口約18万人の都市である。モデナは北にポー平原、南に北アペニン山脈があり、平地と山脈の境界に位置している。バルサミコ酢の生産者は80社と言われ、南のアペニン山脈側に集中し、緩やかな斜面地に沿ってぶどう畑が広がっている。紀元前183年にローマ人の植民地となるまでエトルリア文明のあったモデナは"ムティナ"と呼ばれていた。"ムティナ"はエトルリア語で丘陵地という意味であり、エトルリアの時代からぶどうの栽培が行われていたという。

"伝統的な"バルサミコ酢

　"伝統的な"バルサミコ酢は、12年以上の年月をかけて完成する。一般的には、木樽で3、4年ほど酢酸発酵させた後に、ワインビネガー、着色料、香料、カラメルなどを添加してつくられるが、"伝統的な"バルサミコ酢は何も添加せず、12年以上の年月をかけ、木樽で発酵・熟成させて完成する。バルサミコは芳香という意味があり、薬として用いられてきた歴史が長く、空気の汚染防止として暖炉の薪の上に数滴落として使用することもあったという。バルサミコ酢の工程は栽培、収穫、圧搾、煮沸、発酵、発酵・熟成の順に進められる。今回、1900年から4世代続く醸造所アチェタイア・セレニ（Acetaia Sereni）を訪れた。先代から残る1500もの木樽や伝統的なつくり方を多くの人に知ってもらうため、アグリ・ツーリズモ（農泊）を行い、工程の見学やバルサミ

4世代続く醸造所アチェタイア・セレニ

赤、白ぶどうが栽培される丘陵地の畑

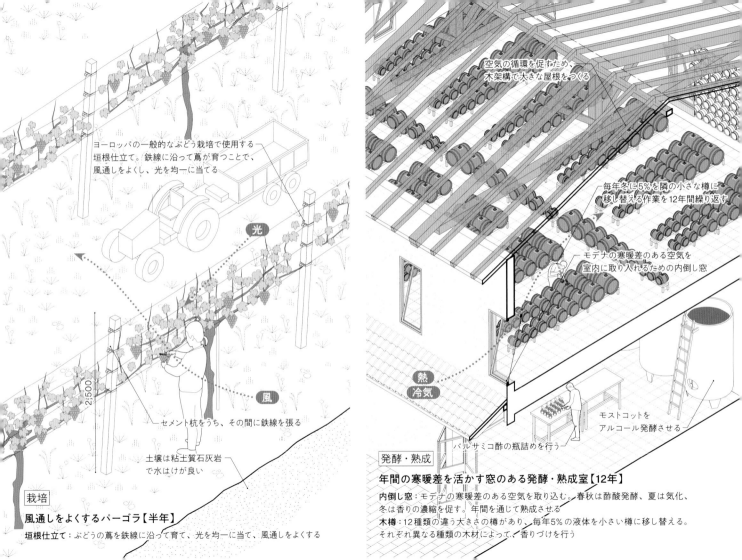

ヨーロッパの一般的なぶどう栽培で使用する
垣根仕立て。鉄線に沿って蔦が育つことで、
風通しをよくし、光を均一に当てる

光

風

セメント杭をうち、その間に鉄線を張る

2,500

土壌は粘土質石灰岩
で水はけが良い

栽培

風通しをよくするパーゴラ【半年】

垣根仕立て：ぶどうの蔦を鉄線に沿って育て、光を均一に当て、風通しをよくする

空気の循環を促すため、
木架構で大きな屋根をつくる

毎年冬に5%を隣の小さな樽に
移し替える作業を12年間繰り返す

モデナの寒暖差のある空気を
室内に取り入れるための内倒し窓

熱
冷気

モストコットを
アルコール発酵させる

バルサミコ酢の瓶詰めを行う

発酵・熟成

年間の寒暖差を活かす窓のある発酵・熟成室【12年】

内倒し窓：モデナの寒暖差のある空気を取り込む。春秋は酢酸発酵、夏は気化、
冬は香りの濃縮を促す。年間を通じて熟成させる
木樽：12種類の違う大きさの樽があり、毎年5%の液体を小さい樽に移し替える。
それぞれ異なる種類の木材によって、香りづけを行う

コ酢を使った食事を楽しむことができる。

栽培：風通しをよくするパーゴラ

　アチェタイア・セレニは標高270mの丘陵地にある。10月ごろ訪れたぶどう畑の葉の色は、赤と黄それぞれ半分ずつ色づいていた。これは、バルサミコ酢の原料に「トレビアーノ」と「ランブルスコ」の白と赤のぶどうを1対1の割合で使用するためで、使用するぶどうの品種が葉の色付きの違いとなり風景となってあらわれている。ぶどうは垣根仕立てで育てられ、2.5mほどの高さの支柱を立て、間に4本の鉄線を張り、風通しをよくしている。

収穫、圧搾、煮沸、発酵

　ぶどうは10月中旬に収穫が行われ、醸造所に運ばれる。醸造所の1階は収穫したぶどうの圧搾機や煮沸のための大鍋、アルコール発酵のためのステンレスの樽が配置され、ぶどう畑から収穫したぶどうをスムーズに運び入れることができるように計画され

ている。バルサミコ酢のぶどうは圧搾後、煮沸をし30％程度の水分を蒸発させ、糖度の高い“モストコット（mostocotto）”と呼ばれる濃縮ぶどう汁をつくる（mosto：搾った果汁、cotto：煮詰める）。その後、ステンレスタンクの中でアルコール発酵が行われる。

発酵・熟成：年間の寒暖差を活かす窓のある発酵・熟成室

　こうしてアルコール発酵を終えると、2階の木造架構の発酵・熟成室へ移動させ、木樽の中に果汁を入れる。発酵・熟成室には大きさの異なる木樽がずらりと並ぶ。

　酢酸発酵には静置発酵法と全面発酵法の2種があり、前者は自然に空気を取り入れ長期間かけて発酵を行うのに対し、後者はタンクで通気と撹拌を行い5〜10日間で発酵を行う。バルサミコ酢は木樽の上に四角い穴をあけ蓋との間に布を入れることで、ぶどうのアルコールに酸素を徐々に入れて酢酸発酵させる静置発酵法である。

1階の発酵室

煮沸する大鍋：30％の水分を蒸発させる

木架構の大屋根の下に内倒しの窓が並ぶ

赤白のぶどうが並ぶモデナパルサミコ酢の風景（©Acetaia Sereni）

発酵・熟成の工程は、常時木樽を通して酸素と反応させて木の香りづけを行う熟成、春と秋に酢をつくる酢酸発酵、夏にバルサミコ酢の水分を蒸発させて濃縮させる気化、冬には香りを濃縮し沈殿物を落ち着ける段階的な工程でできている。木樽の中でこれほど複雑な工程が進められるのはモデナの季節を通した寒暖差を活かしているからである。夏は30℃、冬は0℃と変化する外気温を室内に近づけるため窓は年中開け放つ。少ししか開かない内倒しの窓を設置したのは強い風を取り込まないためだそうだ。このように発酵・熟成室では窓を開け放つことで季節とともに移り変わる温度変化を巧みに活かし、バルサミコ酢の中で微生物や水の働きを促している。

こうして1年間の工程のサイクルが終わると、5％の果汁が次の小さな木樽に冬の間に移される。樽には、桑、樫、ジュニパー、ロビニア、チェリー、栗など様々な樹種が使われることで、熟成期間中に様々な木樽の香りを果汁に移しているのである。

年間のサイクルと12年間の樽の樹種と大きさを変えるサイクルが重なり合い、複雑な芳香をもつバルサミコ酢ができる。

モデナの風景

モデナ南側の緩やかな丘陵地では赤と黄色に色づくぶどうの葉と、年間の寒暖差を発酵・熟成の工程に巧みに活かす窓のある醸造のある風景が広がっていた。また、別の場所でバルサミコ酢を生産するマルピーギ（Malpighi）を訪ねると、発酵・熟成室には同様に窓を設け寒暖差のある温度差を活用していた。

モデナのバルサミコ酢はトロッとしており、複雑な甘みと少しの酸っぱさが口の中に広がった。同じくモデナで生産されるパルミジャーノ・レッジャーノのチーズと一緒に食べると美味である。

果汁を気化し、酸素を取り込む穴

大きさと樹種の異なる木樽が並ぶ

モデナでは入れる容器が決められている

「トレビアーノ」と「ランブルスコ」の
白と赤の2種類のぶどうが栽培されているためぶどう畑が赤と黄に色づく

光

［ぶどう畑］
栽培

風

収穫

栽培は垣根仕立てで
風通しをよくする

光

風

栽培　　　　収穫　　　　　　移動　　　　　　　圧搾　　　　　　煮沸

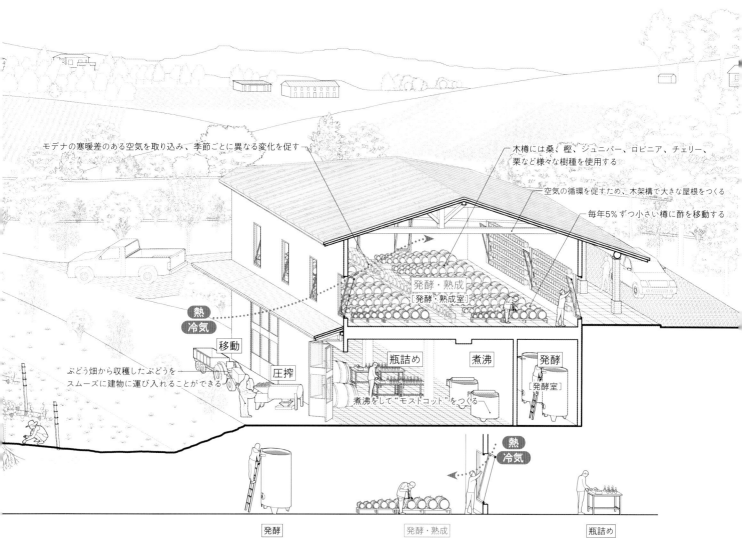

モデナの寒暖差のある空気を取り込み、季節ごとに異なる変化を促す

木樽には桑、樫、ジュニパー、ロビニア、チェリー、栗など様々な樹種を使用する

空気の循環を促すため、木架構で大きな屋根をつくる

毎年5％ずつ小さい樽に酢を移動する

熱
冷気

移動

発酵・熟成
発酵・熟成室

圧搾

瓶詰め

煮沸

発酵
[発酵室]

ぶどう畑から収穫したぶどうをスムーズに建物に運び入れることができる

煮沸をして"モストコット"をつくる

熱
冷気

発酵

発酵・熟成

瓶詰め

ぶどう畑

「ランブルスコ」白、「トレビアーノ」赤の
ぶどう畑は斜面地のため風通しと日当た
りがとても良い

農泊：アグリツーリズモ

醸造場の見学や、ぶどう畑見学、宿泊時
の食事にバルサミコ酢を提供するなど、
宿泊をしながらバルサミコ酢を楽しめるよ
うになっている

アチェタイア・セレニ
醸造場：Acetaia Sereni

アペニン山脈とポー平原の境になる
尾根筋に建っているため、風通しが良い

1:5000
siteplan

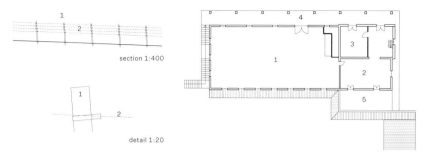

section 1:400

detail 1:20

2F plan 1:700

ぶどう畑 垣根仕立て

1. PC杭
2. 鉄線

醸造場

1. 発酵・熟成室
2. 試飲室、美術館
3. 事務室
4. ピロティ（入口）
5. テラス

モデナのバルサミコ酢

生 産 者	Via Villabianca, 2871, 41054 Marano Sul Panaro MO, Italy
生 産 者	Acetaia Sereni：Francesco Sereni（アチェタイア・セレニ）
み ど き	収穫時期の9月中
気 温	30.1℃（最高）、−0.1℃（最低）
降 雨 量	760mm（年間）
生 産 工 程	栽培、収穫、圧搾、煮沸、冷却、発酵、発酵・熟成、瓶詰め
建 築 と 資 源	栽培｜風通しをよくするパーゴラ〈光・風〉 発酵・熟成｜寒暖差を活かす窓のある発酵・熟成室〈湿気・冷気〉

ランブルスコのぶどう　　モデナのバルサミコ酢

モデナ ▼
アチェタイア・セレニ

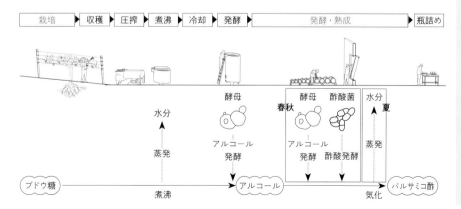

| 栽培 | → | 収穫 | → | 圧搾 | → | 煮沸 | → | 冷却 | → | 発酵 | → | 発酵・熟成 | → | 瓶詰め |

酵母　　　　　　　　　酵母　　酢酸菌

水分　　　　　　　　　　　　　　　　　　水分

春秋　　　　　　　　　　夏

アルコール発酵　　　　アルコール発酵　　酢酸発酵

蒸発　　　　　　　　　　　　　　　　　　蒸発

ブドウ糖 ── 煮沸 ──→ アルコール ──→ バルサミコ酢

気化

軒下に吊るされる房状のトマト

ヴェスヴィオ火山のトマト
Tomato in Mount Vesuvius

～風を取り入れる軒～

ヴェスヴィオ火山

　ヴェスヴィオ火山（Monte Vesuvio）はイタリア中南部カンパニア州（Campania）のナポリから15分車を走らせると麓に到着する。ヴェスヴィオ火山は、"79年のヴェスヴィオ噴火"で火山灰や火砕流によってポンペイが数10mも埋められ遺跡となったことで有名だ。以降、100年に1回程度の噴火を繰り返したため、火山灰土壌が周りに堆積し、海まで斜面地を形成した。ヴェスヴィオ火山周辺は国立公園に指定されており、今回その区域内のエルコラーノ（Ercorano）で4世代トマトの生産を続けているアカンポラ・サルヴァトーレさん（Acampora Salvatore）のトマト工房を訪ねた。ヴェスヴィオ火山のトマトは"ピエン

ノーロ（piennolo）"と呼ばれ（ナポリの方言で振り子の意味）、トマトを房状にして乾燥し長期保存させる特徴がある。トマトは3〜4cmのミニトマトサイズだが、ヘタの反対のお尻がすぼまっていることや皮が肉厚なことが特徴である。工程は栽培、収穫、房づくり、乾燥の順で進められる。

栽培

　サルヴァトーレさんの畑は斜面中腹にあり、ヴェスヴィオ火山とナポリ湾が見渡せ、風通し、日当たりがとても良い場所にある。火山灰土壌の畑はカリウムやリンが豊富に含まれているため、トマト栽培には最適である。また、定植後の栽培期間である5〜7月は特に昼夜の寒暖差が10〜30℃まで変化

火山灰土壌のトマト畑

ナポリ湾が一望できるトマト畑

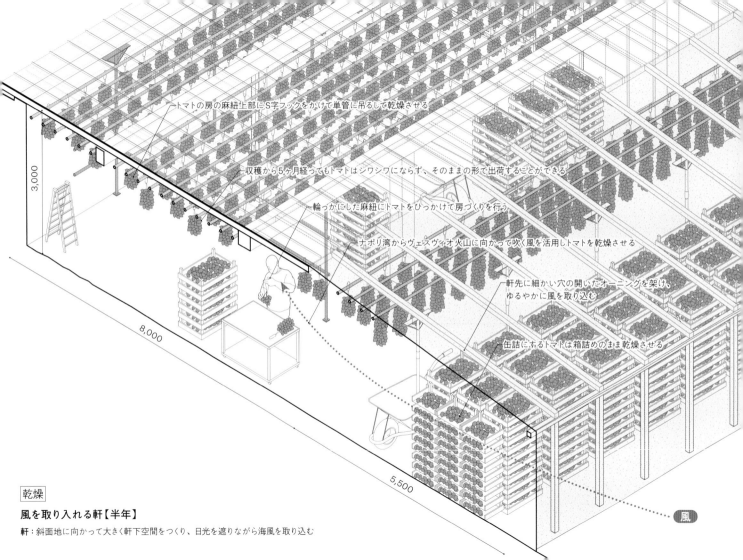

トマトの房の麻紐上部にS字フックをかけて単管に吊るしで乾燥させる

収穫から5ヶ月経ってもトマトはシワシワにならず、そのままの形で出荷することができる

輪っかにした麻紐にトマトをひっかけて房づくりを行う

ナポリ湾からヴェスヴィオ火山に向かって吹く風を活用しトマトを乾燥させる

軒先に細かい穴の開いたオーニングを架け、ゆるやかに風を取り込む

缶詰にするトマトは箱詰めのまま乾燥させる

3,000

8,000

5,500

乾燥

風を取り入れる軒【半年】

軒：斜面地に向かって大きく軒下空間をつくり、日光を遮りながら海風を取り込む

風

するため、トマトの皮が厚くなるのだという。そのため、収穫後はすぐに出荷せず乾燥させ皮を柔らかくしてから出荷する。

トマトの採種は前年の収穫時期に始まる。トマトを水洗いして潰して種だけ残し、それらを乾燥させて種とする。3〜4月の間に、温室の中で小さく区分けされた苗床に播種をする。温室の中で40〜60日間育てると20cm程度の大きさになるので、苗床から畑に手作業で定植する。定植前、畑にホイールの先端に突起がついた道具で穴あけを行う。この道具を使用することで、20cm間隔で穴あけをすることができるという。その後60〜70cmの背丈になるとそれ以上育つことがないように摘心をこまめに行う。その際、株のボリュームが横に増えていくことになるので、1mほどの木製支柱をたて、葉が水平方向に広がっても、風通しを良くし太陽が十分に当たるようにする。

収穫、房づくり

収穫は7月中に行う。通常トマトの収穫はヘタ上を切り取るが、ここではなるべくトマトの束ごと収穫を行う。収穫が終わると軒下に運び、房づくりがはじまる。麻の紐を結んで輪っかにし、結び目を下にして、2、3個束になったトマトの茎を紐にかけていく。この作業を繰り返し、長さ30cm程度のトマトの房をつくる。この房自体も"ピエンノーロ"と呼ぶそうだ。

乾燥：風を取り入れる軒

RC造の大きい軒下と軒先に木の垂木と柱をつぎ足してつくられたオーニングの中でピエンノーロを乾燥させる。オーニングは、細かい穴の開いた寒冷紗のような素材で、日射を適度に遮り、ゆるやかな風を通す。ピエンノーロは、麻紐上部にS字フックをかけて単管に吊るして乾燥させる。軒下には単管が50cmピッチで設置され吊るしたトマトと、壁ぎわに単管の脚をたて、水平方向に掛けた単管に吊るしたものがあった。これらを、ナポリ湾からヴェスヴィオ火山に向かって吹く風を活用し、軒で影をつくりな

先がすぼまった形が特徴的なトマト

麻紐で輪をつくる

麻紐の輪にトマトをかけていく

オーニングの下は乾燥と作業動線として使われる

がらトマトを乾燥させるのである。これは長期保存のためで、冬場にトマトが手に入らなかった時代にナポリのパスタやピザ、魚料理を調理する際に大変重宝されていた。ヴェスビオ火山のトマトは皮が分厚く、実の中から水分が蒸発しづらいため長期の乾燥が可能なのである。軒下を見ると、ベルの形をしたトマトの房がかけられており、クリスマスマーケット用なのだという。収穫から5ヶ月経ってもトマトはシワシワにならず、そのままの形で出荷することができるそうだ。

ヴェスヴィオ火山の風景

　噴火を繰り返したヴェスヴィオ火山周辺は火山灰土壌が堆積し、ナポリ湾まで斜面地を形成している。火山灰土壌で育つトマトは皮が分厚く、長期保存のための乾燥に適しているため、軒下にトマトを乾燥させる。残念ながら今回他のトマト生産者を調査することはできなかったが、同様にピエンノーロを屋根や軒下に吊り下げて乾燥をするそうだ。日本のように道沿いや斜面地

沿いに立ち並ぶ家の庇に野菜や果物を干している風景を一体的に見ることはエルコラーノではできないが、生産者のもとへ行けば7～12月にかけて軒下に赤く色付いたトマトを乾燥させている風景を見ることができる。

　乾燥させたトマトは少し青臭く甘みが強く感じられた。トマトパスタに使用されることが多く、濃厚なソースをつくることができるそうだ。

房になったトマト

太陽に当たらない軒下に吊るす

サルヴァトーレさんの自宅と工房

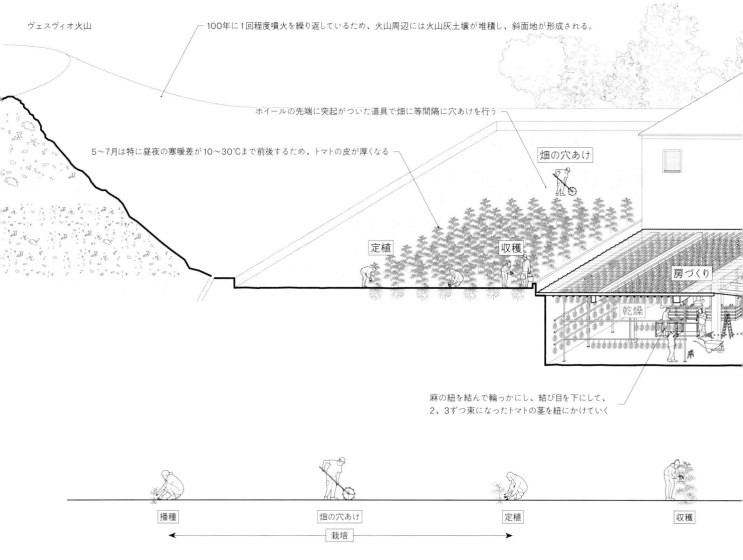

ヴェスヴィオ火山

100年に1回程度噴火を繰り返しているため、火山周辺には火山灰土壌が堆積し、斜面地が形成される。

ホイールの先端に突起がついた道具で畑に等間隔に穴あけを行う

畑の穴あけ

5〜7月は特に昼夜の寒暖差が10〜30℃まで前後するため、トマトの皮が厚くなる

定植

収穫

房づくり

乾燥

麻の紐を結んで輪っかにし、結び目を下にして、
2、3ずつ束になったトマトの茎を紐にかけていく

播種　　　畑の穴あけ　　　定植　　　収穫

栽培

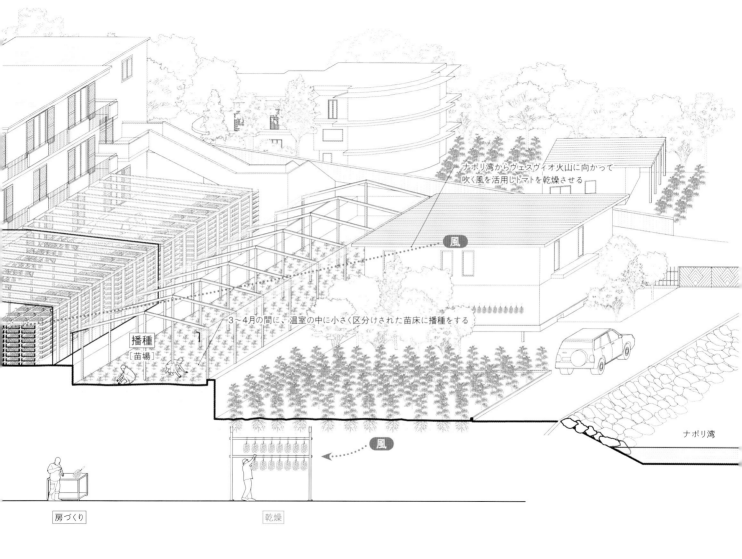

ナポリ湾からヴェスヴィオ火山に向かって
吹く風を活用しトマトを乾燥させる

風

3〜4月の間に、温室の中に小さく区分けされた苗床に播種をする

播種
[苗場]

ナポリ湾

風

房づくり　　　　　　　　　乾燥

ヴェスヴィオ火山 ▶

トマト畑

火山灰土壌のトマトの畑

乾燥室

トマト工房 :Rosso Vesuvio
ロッソ・ヴェスヴィオ
ヴェスヴィオ火山の中腹に位置し、斜面
地上から畑、乾燥室と住居、苗場がある

建物長手方向からナポリ湾からの風を受けるように軒をつくる

ナポリ湾

ナポリ湾からの風
風を受けるように乾燥室の軒を張り出し
トマトの房を吊るす

1:2000
siteplan

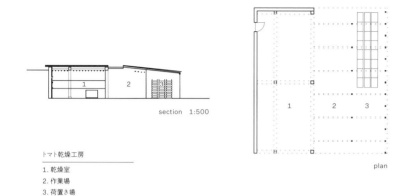

section 1:500

plan

トマト乾燥工房

1. 乾燥室
2. 作業場
3. 荷置き場

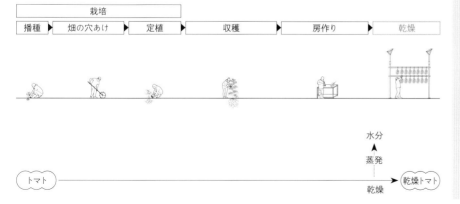

栽培					乾燥
播種	畑の穴あけ	定植	収穫	房作り	

水分
↑
蒸発

トマト ──────→ 乾燥トマト

乾燥

ヴェスヴィオ火山のトマト

生 産 地	Via Cupa Monti, 70, 80056 Ercolano NA, Italy
生 産 者	Azienda Agricola Rosso Vesuvio （ロッソ・ヴェスヴィオ）
み ど き	収穫と房づくりの7月下旬
気 温	29℃（最高）、6.2℃（最低）
降 雨 量	1,080mm（年間）
生 産 工 程	栽培、収穫、房作り、乾燥
建 築 と 資 源	乾燥：風を取り込むための軒 〈風〉

収穫したトマト　　　　房状のトマト

▶ ナポリ
ロッソ・ヴェスヴィオ
ヴェスヴィオ火山
ナポリ湾
ポンペイ遺跡

@MapTailer
@OSM Contributors / OpenTopoMap

ヴェスヴィオ火山のトマト ｜ 95

さんさんと降りそそぐ太陽に輝くレモンとそれを支えるパーゴラ

アマルフィのレモン

Lemon in Amalfi

～日当りと風通しをよくするパーゴラと水はけをよくする石積みの段々畑～

アマルフィ

　アマルフィはイタリア中南部カンパニア州のサレルノ(Salerno)からアマルフィ海岸沿いを車で1時間走ると到着する。アマルフィ海岸は石灰岩の大地を海が浸食し、狭いV字型の浸食谷となった地形に小さな街のポジターノ、アマルフィ、ミノーリ、マイノーリなどが点在している。アマルフィは地中海性気候であり、一年を通して暖かい。北側には標高1400m程度のラッターリ山脈(Monti Lattari)が東西方向の海岸線状に広がることで、冷たい北風"トラモンターナ(Tramontana)"からアマルフィを守っている。

　アマルフィ海岸は、10世紀から交易で栄え、13世紀になると柑橘系果実の需要が増

し、アマルフィ海岸でも栽培されるようになり、19世紀には海岸沿いの大部分の斜面地がレモン畑に変えられた。アマルフィのレモンは果頂部がすぼまり紡錘の形をしていることから"アマルフィの紡錘状のレモン(Sfusato Amalfitano)"と呼ばれている。レモンの最外部の黄色と次の白い部分の皮を外果皮と中果皮と呼ぶが、アマルフィのレモンはそれらの皮が分厚く、黄色い皮の部分に強い芳香成分が含まれているため、レモンチェッロの生産に向いている。今回アマルフィにある家族経営のラ・ヴァレ・デイ・ムリーニ(La Valle dei Mulini)に訪れ、レモンの栽培とレモンチェッロの生産を見せていただいた。

パーゴラと石積みのある段々畑

栗の木でつくられた柱、梁が鉄線で組まれる

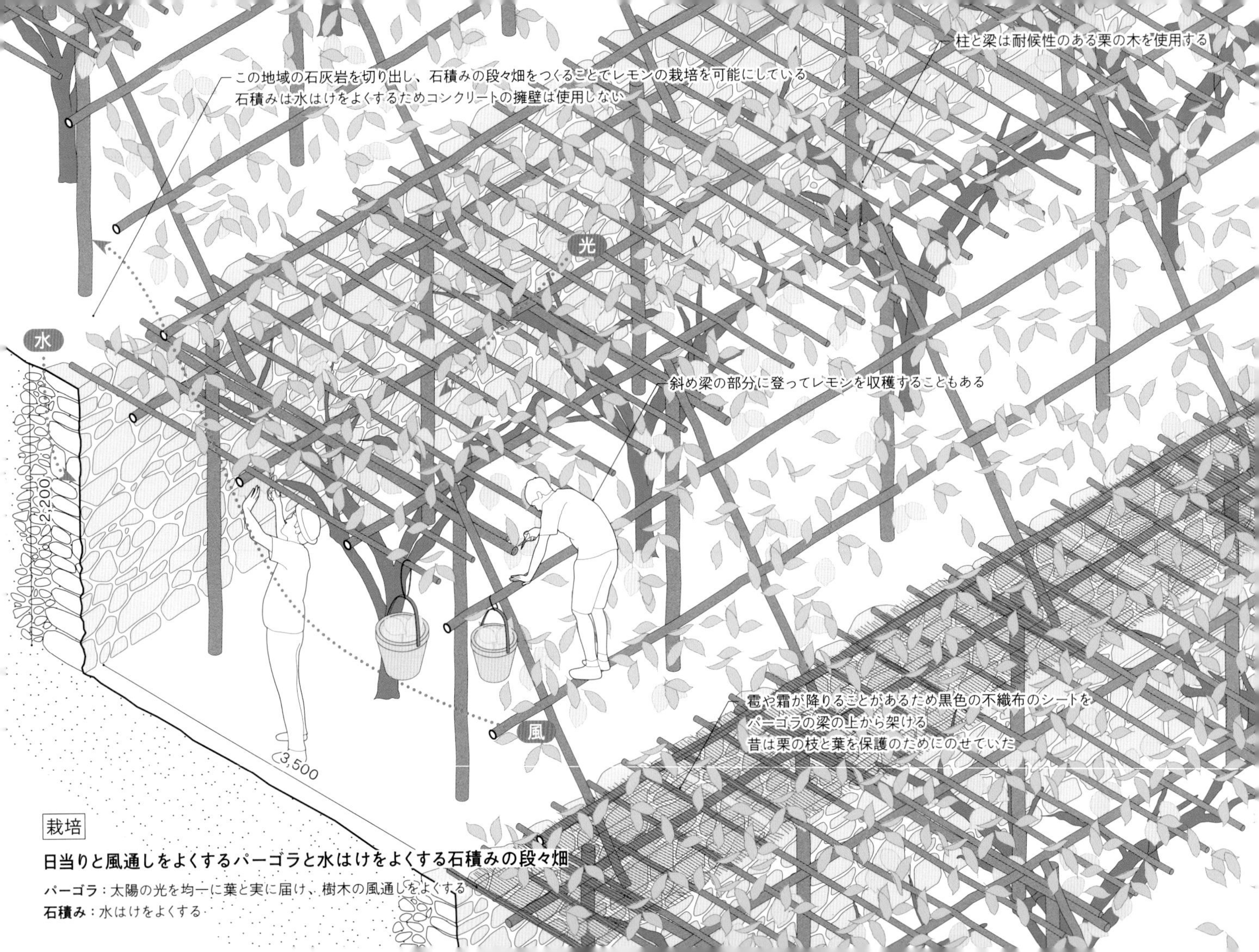

柱と梁は耐候性のある栗の木を使用する

この地域の石灰岩を切り出し、石積みの段々畑をつくることでレモンの栽培を可能にしている
石積みは水はけをよくするためコンクリートの擁壁は使用しない

光

斜め梁の部分に登ってレモンを収穫することもある

水

2,200

3,500

霜や霜が降りることがあるため黒色の不織布のシートを
パーゴラの梁の上から架ける
昔は栗の枝と葉を保護のためにのせていた

風

栽培

日当たりと風通しをよくするパーゴラと水はけをよくする石積みの段々畑

パーゴラ：太陽の光を均一に葉と実に届け、樹木の風通しをよくする

石積み：水はけをよくする

栽培：日当たりと風通しをよくするパーゴラと水はけをよくする石積みの段々畑

　ラ・ヴァレ・デイ・ムリーニとは、イタリア語でムリーニ渓谷という意味だ。アマルフィはムリーニ渓谷の谷底に位置し、谷部の斜面地からレモン畑が街を囲む形で広がっている。急峻な斜面だがこの地域の石灰岩を切り出し、石積みの段々畑をつくることでレモンの栽培を可能にしている。日本のレモン畑や柑橘畑にパーゴラはあまり見られないが、アマルフィでは栗の木で柱と梁をつくり、石積みの段々畑に架けることで、幅4〜6m、高さ1.8〜2m程度のパーゴラをつくる。柱と梁は直径80mm程度の丸太材で、柱は約1.8m間隔に並べられ、梁は柱と同間隔で鉄線で柱と結束させて石積みの上に置かれるか、石積みの間に埋め込んでとめられる。その上に同材の桁を石積みと平行に1m間隔でとめていく。ぶどうのパーゴラはこの上にさらに垂木をのせていくが、レモンのパーゴラに垂木が見られないのは、蔦を絡める必要がないからだ

ろう。パーゴラの高さはその畑を管理する家族の背丈によるそうだ。

　パーゴラは太陽の光をさんさんとレモンの葉や実に均一に届け、風通しをよくし、石積みは水はけをよくすることでレモンの成長を促す。土壌は火山灰と石灰質のものだそうだ。アマルフィは避寒地として有名だが冬は10℃以下に冷え込むこともあり、雹や霜が降りることがあるため黒色の不織布のシートをパーゴラの梁の上から架ける。

収穫

　レモンは3月から7月の間に大きなハサミを使用して、パーゴラの下から手作業で収穫を行う。上段と下段のパーゴラの間に格子状に組んだ斜材を架け、斜面地にせり出す足場から収穫することもある。段々畑を行き来するには石積みの間にかかる小さな階段しかないため、ここのレモン畑ではレモン専用のゴンドラで、収穫後のレモンを斜面下の倉庫まで移動する。

収穫の様子

ハサミを使って手作業で収穫を行う

レモンはゴンドラで斜面下に移動する

侵食谷の斜面地につくられるレモン畑と住居の風景

皮むき、浸漬、瓶詰め

　地下の作業室にレモンを移動し、皮むきを行い、外果皮の黄色い部分とアルコール、砂糖を混ぜ合わせ、3日から1週間撹拌しながら浸漬(しんせき)する。アルコール濃度や皮の量、浸漬期間は各社や各家庭によって異なり、その違いでレモンチェッロの風味が変わるそうだ。レモンの皮を漬け込むため、アマルフィのレモンには農薬を一切使用しない。

アマルフィの風景

　アマルフィでは侵食谷の斜面地に太陽の光をいっぱいに浴び、穏やかな海風によりつくられるレモン畑や住居、商店が並び、この地域の特徴的な風景がつくられている。アマルフィの斜面には建物と建物の間を縫うようにレモン畑がつくられており、2軒ほど民家を訪れることができた。一つは家族が住み続けレモン栽培やレモンチェッロづくりを行っている民家。もう一つは1人の女性が空き家だったものをリノベーションし別荘として使用している民家である。近年アマルフィは観光地として有名になり後者のような民家の使われ方が増えている。そのため共同組合でレモン栽培の管理を行う仕組みをつくることで、家の庭に植えられたレモンを定期的に世話し、収穫の時期には観光客も楽しめるという。アマルフィでは観光と共存しながら、いきいきとした風景を維持しているのである。

　アマルフィのレモン農園に行くと肉厚な皮を食べさせてくれる。黄色い皮と一緒に白い中果皮を食べると思っているよりジューシーですっきりとした苦味が口の中に広がる。また、アマルフィのレモンを使ったシンプルなレモンパスタは絶品だ。

レモンチェッロの醸造所

レモン畑が広がる別荘地

別荘地の庭の中のレモン畑

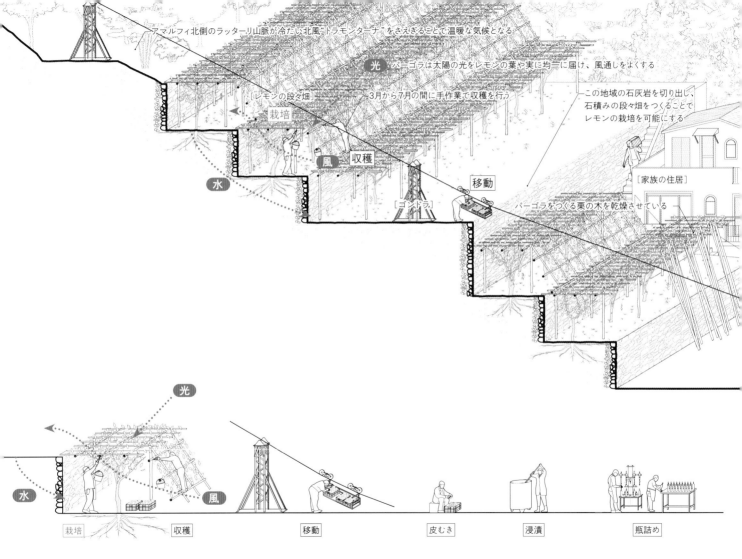

アマルフィ北側のラッターリ山脈が冷たい北風「トラモンターナ」をさえぎることで温暖な気候となる

光　パーゴラは太陽の光をレモンの葉や実に均一に届け、風通しをよくする

この地域の石灰岩を切り出し、石積みの段々畑をつくることでレモンの栽培を可能にする

［レモンの段々畑］　　3月から7月の間に手作業で収穫を行う

栽培

水

風　収穫

［ゴンドラ］

移動

［家族の住居］

パーゴラをつくる栗の木を乾燥させている

光

水

風

栽培　収穫　　移動　　皮むき　　浸漬　　瓶詰め

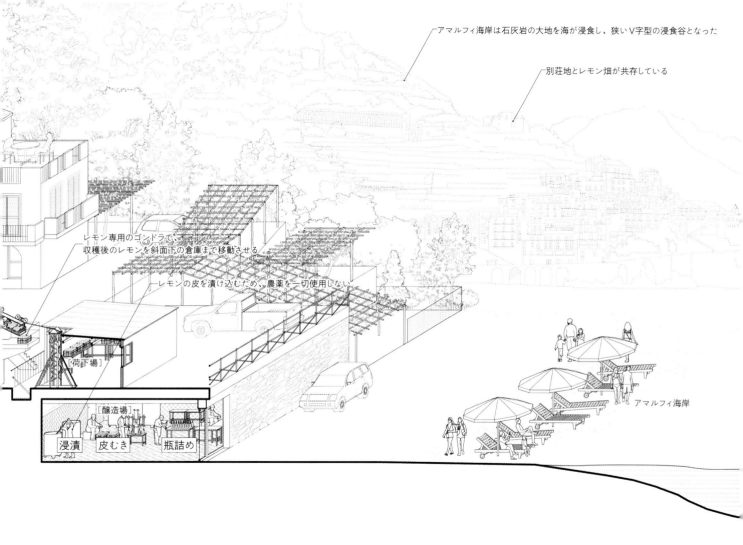

アマルフィ海岸は石灰岩の大地を海が浸食し、狭いV字型の浸食谷となった

別荘地とレモン畑が共存している

レモン専用のゴンドラで
収穫後のレモンを斜面下の倉庫まで移動させる

レモンの皮を漬け込むため、農薬を一切使用しない

[荷下場]

[醸造場]

浸漬　皮むき　瓶詰め

アマルフィ海岸

アマルフィ海岸

レモン農場・レモンチェッロ醸造場：La Valle dei Mullini
ラ・ヴァッレ・デイ・ムリーニ
急峻な斜面地に石積みの段々畑をつくりレモン栽培を行なう
斜面下に家族の住居、レモンチェッロの醸造場がある
観光客のためのレモンツアーも積極的に行っている

1:6000
siteplan

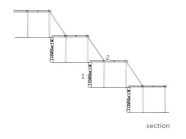

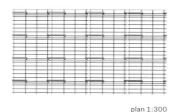

section   plan 1:300

バーゴラと石積みの段々畑

1. 石積み
2. 栗の木のバーゴラ

| 栽培 | ▶ | 収穫 | ▶ | 皮むき | ▶ | 浸漬 | ▶ | 瓶詰め |

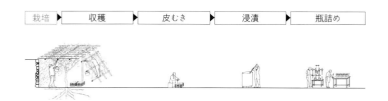

アマルフィのレモン

生 産 地	Via delle Cartiere, 55, 84011 Amalfi SA, Italy
生 産 者	La Valle dei Mulini (ラ・ヴァッレ・デイ・ムリーニ)
みどき	収穫の3-7月
気 温	27℃（最高）、6.4℃（最低）
降 雨 量	1,143mm（年間）
生　産 工　程	栽培、収穫、皮むき、浸漬、瓶詰め
建築と 資　源	栽培：光と風通しをよくするバーゴラと水はけをよくする石積みの段々畑 〈光、風、水〉

アマルフィのレモン　　レモンの断面　　レモンチェッロ

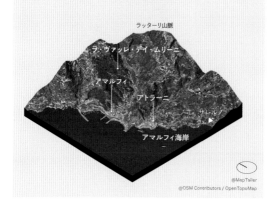

ラッターリ山脈

ラ・ヴァッレ・デイ・ムリーニ

アマルフィ

アトラーニ

サレルノ

アマルフィ海岸

@MapTailer
@OSM Contributors / OpenTopoMap

瓦がかけられた寄棟形状の塩の山

トラパニの塩
Salt in Trapani

～雨風から守る瓦屋根・塩を粉砕する風車小屋～

トラパニ

　トラパニは、イタリア南部のシチリア島最西端に位置する。パレルモ近郊の空港から西に車を走らせ1時間すると海に突き出したような町、トラパニが見えてくる。トラパニは交易の拠点であるとともに、塩の生産やサンゴの工芸品、マグロ漁で栄えてきた。トラパニ塩田の歴史は古く、紀元前8世紀のフェニキア人が始めたと言われている。第2次世界大戦前まで塩の生産は本格化し、地中海やヨーロッパ、さらには北欧にも輸出をしていた。海水を利用した製塩には大きく二つの種類があり、太陽光や風などによって結晶化させる天日製塩法と、海水を濃縮させて加熱して結晶化させる煎熬採塩法がある。トラパニは降雨量が少な

いため前者の方法がとられる。今回、塩の収穫作業を見ることはできなかったが、昔ながらの製法を展示する博物館が併設された、クルカーシさんの営む塩田（Saline Culcasi）を訪れた。

海水収集

　トラパニの塩田は大きく収集池、洗練池、蒸発池、結晶池の4つに分けられる。海水を最初に塩田に取り込む部分を収集池と呼ぶ。毎年3月になると水門をあけ、空になった深さ1.2mの収集池に海水を取り込む。過去には風車にアルキメディアンスクリューを接続し集水を行なっていたそうだ。

ショベルで結晶化した塩を粉砕する

海水を移動させていたアルキメディアンスクリュー

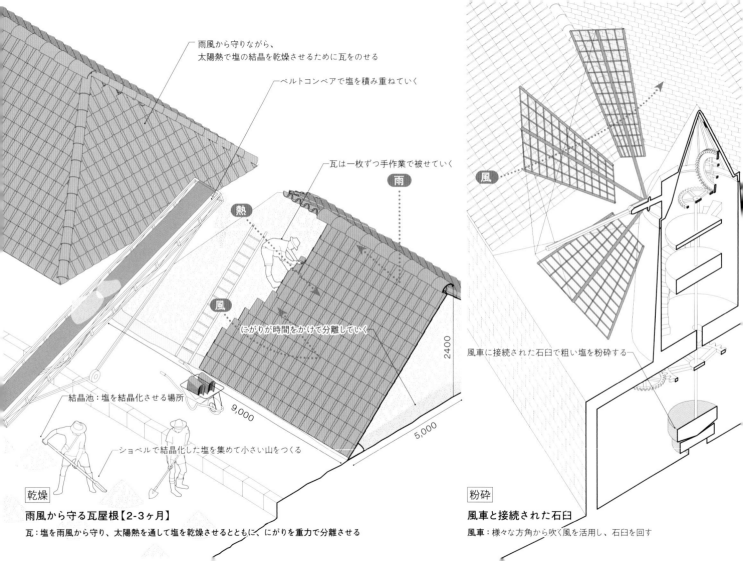

雨風から守りながら、
太陽熱で塩の結晶を乾燥させるために瓦をのせる

ベルトコンベアで塩を積み重ねていく

瓦は一枚ずつ手作業で被せていく

雨

熱

風

にがりが時間をかけて分離していく

2400

結晶池：塩を結晶化させる場所

9,000

5,000

ショベルで結晶化した塩を集めて小さい山をつくる

乾燥

雨風から守る瓦屋根【2-3ヶ月】

瓦：塩を雨風から守り、太陽熱を通して塩を乾燥させるとともに、にがりを重力で分離させる

風

風車に接続された石臼で粗い塩を粉砕する

粉砕

風車と接続された石臼

風車：様々な方角から吹く風を活用し、石臼を回す

天日：収集池→洗練池→蒸発池→結晶池

　洗練池から海水の水分の蒸発が始まる。トラパニが塩田として適しているのには5つ理由がある。トラパニはシチリア島の中でも最西端に位置しており様々な方向からの風を受けやすく、平坦な地形である。そして夏は降雨量が月に2mmと極端に少なく、大きな波がこない。さらに砂がきめ細かいことである。そうした条件のもとさんさんと降り注ぐ太陽の熱と海風が海水に含まれる水分を蒸発させていくのである。

　塩を結晶化させる前に複数の深さの違う池をつくるのは、最終的に結晶化させる塩の成分を調整するためである。海水を濃縮すると、酸化鉄、カルシウム、塩化ナトリウム、マグネシウム、カリウムの順に析出する。そのため、結晶池で塩化ナトリウムが主成分となるように、その他を手前の池で析出して取り除くのである。洗練池は30cmの深さがあり、海水に含まれる酸化鉄とカルシウムの析出がはじまり、塩分濃度が3.5%から12%に濃縮される。その後

20cmの深さの蒸発池に移動され、塩分濃度を26%にまであげることで塩化ナトリウムが析出し始める。その際マグネシウムとカリウムが分離してしまうとめ、木材でつくられたトンボで表面を均したり、ショベルのような道具で結晶を砕き攪拌する作業を行う。最後に深さ10cmの結晶池に移動されマグネシウム（にがり成分）が結晶化する前に収穫を行う。7月初旬から9月初旬まで計3回収穫ができるそうだ。そうして6〜10cmの深さの塩が結晶化すると男たちが今でも昔と変わらず手作業で収穫を行うそうだ。トンボで直径1mほどの山を作り、バケツに入れて運ぶか、ベルトコンベアに乗せて塩田の脇道に積み重ねて乾燥工程へと移る。また、塩田どうしの境界はトラパニで取れる凝灰岩の石を利用しており、耐塩性が高いという。

乾燥：雨風から守る瓦屋根

　塩田の脇道には、寄棟形状に塩を積み重ねる。結晶化した塩を雨風から守りつ

小さい山をつくり、塩の結晶を集める

バケツに入れて移動する（©Saline Culcasi）

雨風をしのぐため瓦をかぶせる

トラパニの塩田風景

つ乾燥させるために瓦（シチリアの方言で"ciaramiri（チャラミリ）"と呼ばれる）で覆う。こうして2〜3ヶ月太陽熱で乾燥させつつ、にがりを重力で下に流しているのである。

粉砕：塩を粉砕するための風車小屋

乾燥した塩は大きいサイコロ状で食べられる大きさではないため、粉砕をする。現在は機械の粉砕機を利用しているが、驚くことに過去には風車に接続された石臼を利用していたそうだ。凝灰岩の石積みで作られた切り妻屋根の上に直径8mの風車の塔をたて、風の力を利用していたのである。

トラパニの風景

トラパニはシチリア島の最西部に位置し、南北西が海に囲まれているため様々な方角から風を受けることができる。そうした風と太陽を活かし、広い塩田や、結晶化した塩を雨風から守り乾燥するために熱を活かす寄棟瓦、アルキメディアンスクリューや石臼に接続した風車がこのトラパニ塩田の風景を特徴づけているのである。

トラパニの塩田はラムサール条約にも登録がされ、サギ、ヘラサギ、チドリなど、230種以上の鳥を観察することができる。春にはアフリカから北へ向かう途中のピンク色のフラミンゴがこの地域で止まり、餌を食べてからまた飛び立って行くそうだ。塩田を活かした塩の生産を継続することは食生産の風景を守るだけでなく、鳥や魚などの生態系を守ることにもつながっているのである。

トラパニの塩はなめると、まろやかでだんだんと塩味が舌の中に広がっていく。

塩を粉砕するための風車小屋

滑車は足元で石臼と接続し塩を粉砕していた

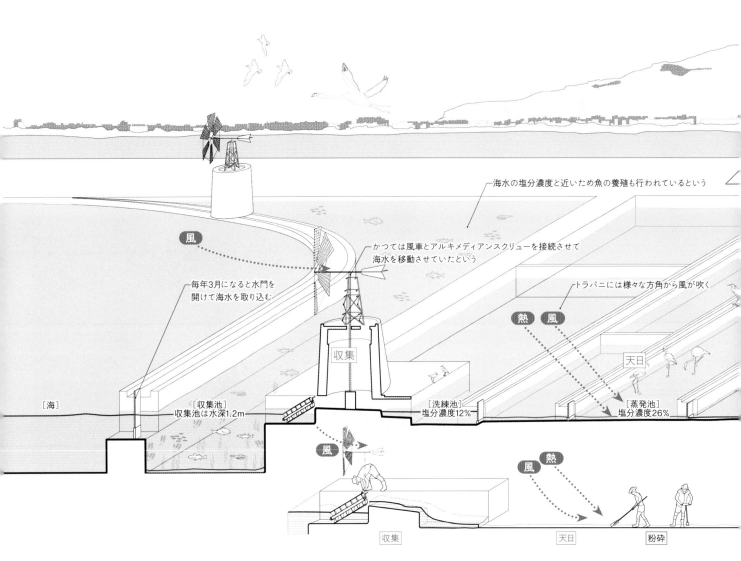

海水の塩分濃度と近いため魚の養殖も行われているという

風

かつては風車とアルキメディアンスクリューを接続させて
海水を移動させていたという

トラパニには様々な方角から風が吹く

毎年3月になると水門を
開けて海水を取り込む

熱 風

収集

天日

[海]

[収集池]
収集池は水深1.2m

[洗練池]
塩分濃度12%

[蒸発池]
塩分濃度26%

風

風 熱

収集

天日

粉砕

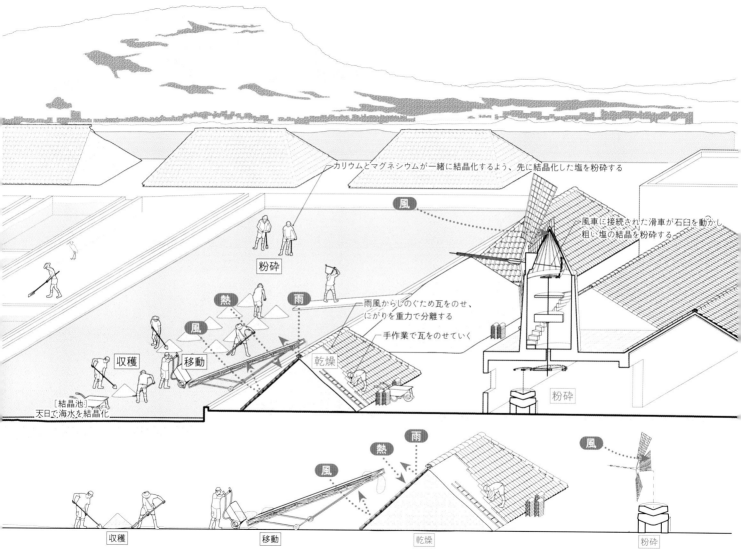

カリウムとマグネシウムが一緒に結晶化するよう、先に結晶化した塩を粉砕する

風

風車に接続された滑車が石臼を動かし
粗い塩の結晶を粉砕する

粉砕

熱

雨

雨風からしのぐため瓦をのせ、
にがりを重力で分離する

風

手作業で瓦をのせていく

収穫

移動

乾燥

粉砕

[結晶池]
天日で海水を結晶化

風

熱

雨

風

収穫

移動

乾燥

粉砕

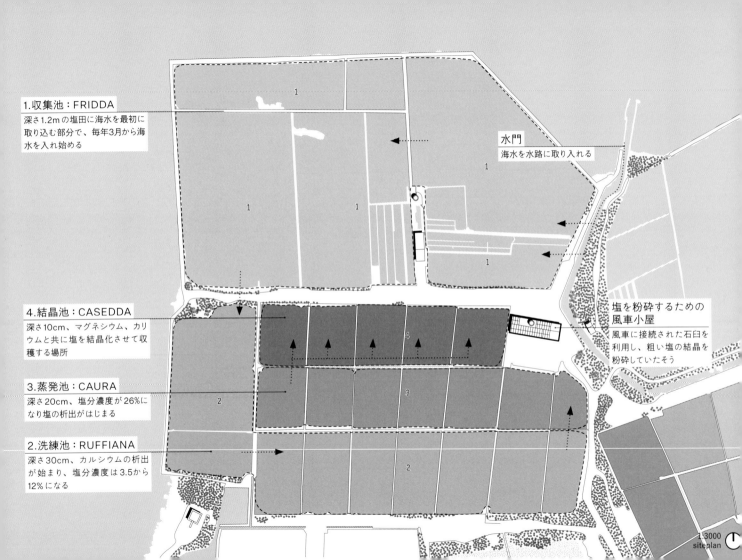

1.収集池：FRIDDA

深さ1.2mの塩田に海水を最初に取り込む部分で、毎年3月から海水を入れ始める

水門

海水を水路に取り入れる

塩を粉砕するための風車小屋

風車に接続された石臼を利用し、粗い塩の結晶を粉砕していたそう

4.結晶池：CASEDDA

深さ10cm、マグネシウム、カリウムと共に塩を結晶化させて収穫する場所

3.蒸発池：CAURA

深さ20cm、塩分濃度が26%になり塩の析出がはじまる

2.洗練池：RUFFIANA

深さ30cm、カルシウムの析出が始まり、塩分濃度は3.5から12%になる

1:3000
siteplan

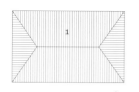

plan

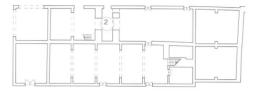

Roof plan

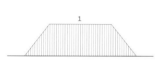

elevation 1:300

1F plan 1:500

雨風から守る瓦屋根
1. 瓦

風車小屋
1. 風車
2. 石臼

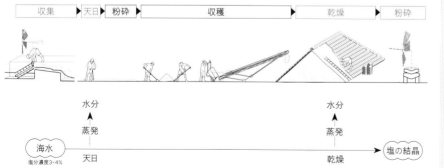

収集 → 天日 → 粉砕 → 収穫 → 乾燥 → 粉砕

水分 ↑ 蒸発　　　　　水分 ↑ 蒸発

海水（塩分濃度3-4%） → 天日 ──── 乾燥 → 塩の結晶

トラパニの塩

生 産 地	Via Chiusa, 91027 Nubia TP, Italy
生 産 者	Saline Culcasi（サリーネ・クルカーシ）
み ど き	塩の収穫時期7月初旬-9月初旬
気 温	31.4℃（最高）、7.9℃（最低）
降 雨 量	582mm（年間）
生 産 工 程	収集、天日、粉砕、収穫、乾燥、粉砕
建 築 と 資 源	天日：塩田〈熱・風〉 乾燥：瓦屋根〈熱〉 粉砕：風車と接続された石臼〈風〉

粉砕する前の塩

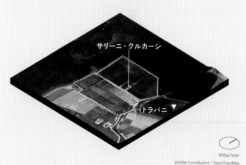

サリーニ・クルカーシ

トラパニ ▼

@MapTailor
@OSM Contributors / OpenTopoMap

マドニエのプロヴォラ
Provola in Madonie

チーズ / シチリア州
Cheese / Sicily

～ 湿気を増幅する発酵・熟成室 ～

パレルモから東に車を走らせて1時間、シチリア島の中央北部に位置するマドニエ山地が見えてくる。マドニエ山地は砂岩でできた土壌で高木は生えず草原地帯である。この地域ではプロヴォラと呼ばれる牛の乳を使ったひょうたんのような形をしたチーズがある。今回、斜面地の草原地帯に牛舎とチーズ工房があるインディビアータ（Indiviata）農場に訪れた。

のびのびと放牧されて育った牛の搾りたての乳を絞る。37℃程度の温度で加熱し、乳を固めるための羊のレンネットを加えて伝統的な木製の容器の中でカードにする。ある程度硬化したら大きな容器に移して、木製の大きなへらでかき混ぜながら再度温める。モッツァレラチーズをつくる時のように弾力のあるカードからヘーゼルナッツ大の大きな塊を手で掴み、くるくると丸めながら同時にヘタをつくっていく。丸める際にレモンを入れたチーズもある。ヘタ部分に紐をくくり発酵・熟成室に移動させる。

発酵・熟成室では木製の三角櫓にプロヴォラを吊るしていく。涼しく換気された場所で10～15日間発酵・熟成させるため、換気用に壁に小さく穴の空いた換気口がある。興味深いのは櫓の下に砂利を敷き、チーズにカビを生やすために十分な湿度に達しないときは、砂利に水撒きを行うことで空気中の湿度を徐々に上昇させるという。

こうして、発酵・熟成が終わったプロヴォラは柔らかく甘く繊細な味わいである。また、プロヴォラは茶色くなるまで燻製することもあり、より濃厚な味が楽しめる。

放牧される牛

手でプロヴォラをつくる

紐にかけてプロヴォラを吊るす

砂利を敷き櫓を組んでチーズを発酵・熟成する

食と建築を
めぐる対話①

藤原辰史（農業史・環境史）× 正田智樹

地形や発酵がつくる"ダダ漏れ建築"

藤原　正田さんが調査された食の建築は、普段の建築とは違うボキャブラリーが使われていて面白いです。建築の一般的なイメージは、外の環境から人を囲って守るもの。建築家にも高層ビルを設計する人のイメージがあるんです。一方で、スローフードは、機械的に閉ざされ、工業化された農業なり食を外に向けて開放していく試みだから真逆のイメージなんですよ。なぜこの本では、一見、水と油に見えるものを一緒にできたのか、建築を学ばれた正田さんが、なぜ一見反建築的な世界に惹かれたのか、真相心理を知りたいですね。

正田　きっかけはイタリアへ留学した際にワインやバルサミコ酢、レモンなどの美しい風景を解剖したいと考え、生産工程を一つずつ追っていくとそこに建築があることがわかりました。バルサミコ酢の栽培だと風通しをよくするためにパーゴラをつくったり、発酵・熟成では、夏の間に熱い空気を取り込んで酢酸発酵させ、冬の間は熟成させている。そのために外倒しの窓をつけて、地域の環境を取り入れている。そうした自然との関わりを建築を介して行うことで食生産を促すことがわかったのです。外の環境から守るというより、いかに外の環境を取り入れるか。その部分に着目すると地形や資源の種類、食、文化によって建築の形も異なることがわかりすごく面白いなと思いました。またそうして建築となった知性は地域に反復し風景となることも興味深いと感じています。

藤原　だから建築家というより、むしろ人類学者がやるような調査をしてらっしゃる。驚いたのは、光や風の通り道が図面にすごいたくさん書き込まれていて、建物が自然界に溶け込んでいるのがわかるのですが、これって「ダダ漏れ」の建物ですよね（笑）。

正田　「ダダ漏れ」建築です（笑）。

藤原　ここから風や光が入ります…じゃなくて、もう入ってますけど何か？ 的な。建築や建物の考え方自体の輪郭もぼやかしているけど、建築家っていう人の輪郭もぼやかしていて、いろんなダダ漏れ感を感じました。しかも調査された建築は、何かに「つくられている感」がないですか？ 発酵する時の微生物だとか、地形や風向きがつくらせていて、「私（建築家）」がつくるじゃな

く、「菌」がつくる、「発酵」がつくる。

正田　たしかに人のためというより、食の生産のために建築をつくっています。そうすると、食をつくるための条件が純粋に建築となってあらわれますよね。

機械のリズムと自然のリズム

藤原　そもそもスローフード運動が、ロハスのような商業化されたエコロジーと違うのは、巨大なフードシステムと対峙していることですよね。フードシステムは利潤を得るためにつくり方を非公開、ブラックボックス化してしまう。今や自分たちの家もファミレスやコンビニも、私たちはそのフードシステムの末端にいてコンセントしかみられていない。みんな機械化された、ブラックボックス化された食の風景なんですよね。だけど、それを建築がもう一度透かすということは、端末化した私たちの体とか、冷蔵庫とか台所を解体していく、私の言葉でいうと分解していくのでしょう。

正田　アメリカの食品産業をドキュメントした映画『フード・インク』（2008年）の世界

がまさにそうだと思います。大量の鶏が養鶏場に押し込まれたり、ベルトコンベアのように機械的に無残に殺されたりする牛たちを見ました。それは、ハンナ・アーレントの『人間の条件』の中で登場する"機械のリズム"と"生命の自然のリズム"を参照するとわかりやすいと思うのですが、モーターやピストンの機械のリズムに無理やり人間や他の生き物が動かされています。一方、生命の自然のリズムは、例えば冬にしか吹かない風を利用して柿を干したり、風を受けるための櫓をつくったり。相手は地球全体のリズムなので、そこに合わせて僕らが建築をつくり、道具を使う。

藤原　リズムって面白いですね。フードシステムそのものがモーターのリズムなり、冷蔵庫の温度なり、働いている人の労働、しかもかなり過酷な管理化された労働なりと切り離せなくなっている。機械のリズムは、『Fast Food Nation』（邦訳＝『ファストフードが世界を食いつくす』楡井浩一訳、草思社文庫、2013年）という本で、著者のエリック・シュローサーが描いていたことを思

い出しました。ハンバーガーの生産過程を追いかけて食肉工場のベルトコンベアで屠殺された大量の牛の枝肉が列をなして猛スピードで回っているので、移民労働者たちが怪我をする。つまり、スローフードって労働の問題でもあるんです。それが多分正田さんのご著書でも明らかにされていると思うんです。アーレントも、彼女がエコロジストだったら、人と自然の多様性をまず確保し、そこで起こるリズムに耳を傾けましょうというでしょう。猛烈サラリーマンの労働だけに注目するなと。

正田　面白いのは、そういう機械のシステムも結局人間がつくっていて、自分たちを理解していないからそうなってしまうのですよね。

藤原　私たち自身が生物であることを意識したらもっと違ったものができたはずなのに、自分たちで環境を壊すところまで来ちゃった現状は絶望的と言わざるを得ません。

人と社会を耕す建築

藤原　それにしても、消費者と生産者に任せておけばいいじゃんというところに、あえ

て建築家が入ってくるのはどういうことなんだろう。僕なりに解釈すると、正田さんは食のおかしな状況を生み出しているフードシステムに対して、漏れをつくり、開口部を広げて微生物を入れさせる。そうした方が食が美味しい、だったら人間だって美味しくなるよね と、建築家として既存のシステムを分解して腐らせていくことを、遠からぬ未来に目指してらっしゃるんじゃないでしょうか。じゃないと、この生き物を扱っている構築物に着目されないと思うんです。

人間もナマものなんだから、もっとスローフード的な、スローヒューマン的な側面があってもいいのに、私たち自身も自ら商品となって労働賃金を受け取り「この部分をあなたたちに捧げます」って言って大学や企業で働いているわけですよ。

そうじゃなくて、土壌のエキスを吸って、植物みたいに太陽をいっぱい浴びて、土地の水をガボガボ飲んで、ローカルに根差した人たち、そういう風な商品にあてはまらない「スロー人」っていう射程を僕はこの本から考えましたね。

正田　漏れをつくり風や光、微生物の出入りを建築に組み込むことは食の生産にとってとても大事なことですが、同時にそこにいる人々の感受性を鋭敏にすることにもつながっていると思います。塩づくりで60℃近いビニールハウスで天日作業をされてる職人さんや生ハム工場でものすごい湿度の中で熟成を進めている人々、それは食べ物のための環境ですが、なぜかそこにいる人たちはいきいきと働いているように感じます。それは建築や道具を通して身体の延長に光や風といった自然とのつながりを感じているからではないのかなと。

藤原　おそらく正田さんの調査された建物をあえてスロー・フードスケープと呼ぶならば、これらが「ダダ漏れ」なのは、人間も一緒に耕されていて、つまり社会関係も生まれているのではないでしょうか。ファスト・フードスケープは、人間と人間を「顧客と売る側」「売り手と買い手」の関係に固定化してしまうけど、スロー・フードスケープはおそらく同時に社会の間にも隙間をつくって風通しをよくし、あなたは労働者、あなたは顧客、私はつくり手、私バイト、といった固定化から免れている。というのが私の考えで、正田さんはそれを目指されているように思ったんです。

正田　まさにそうですね。食べ物の生産って収穫の時期が決まっているじゃないですか。イタリアでもぶどうの栽培は地元の人がやるけど、ワインづくりになると若い人が一気に都市から流れ込んでくるんです。祝祭性も生まれていろんな人が関わる。だから普段自分が労働者としての役割を担っていても、関わり代を設計することで、役割から一度解放されて違う役割に入っていく。そこを建築が仲介できるのかなと。

中動態の設計者

藤原　いや例えばね、この調査って、もっとロハス的な簡単な話で終わってもよかったわけです。おいしいワインがこういう見た目が綺麗な建築でできていて、という話をすればいいんです。でも、それだけでは収まらない話をされていますよね。フードシステムまで足を踏み入れている。

120

正田　食を中心にしてできた建築って自然にすごく敏感で、「ダダ漏れ」なりの構築の仕方がある。例えば熱を蓄える石柱は食の生産に限らず他の建築にも応用ができる。自然と連関する建築を、食の建築から学ばせてもらっているというのが一つ。もう一つはフードシステムに切り込んで風景を更新していきたい思いがある。建築の問題と食の問題、両方にくさびを打ちたい。

藤原　少年のようなことを言いますけど、建築って私にとってすごく夢を与えてくれるもので、リアリズムに行き過ぎると地味で残念なんです。正田さんにも大胆なビジョンを見せていただいた。現実との折り合いは大事ですけど、折り合いだらけの言説ってよくない。今生きているこのシステムがあなたの生きるべき唯一のシステムではないんだよ、という夢の見方はあってもいいと思うんです。

　　幸いにも物を書くことも設計も、全く違った世界を見せられるジャンルなので、あり得る選択肢を見せることで共闘できたらいいですよね。

正田　僕はここから建築の設計と研究で実践していかないといけない。藤原さんのような研究者や、実際に食をつくられている方とネットワークを広げたいとも思います。

藤原　農家、漁家、林家など一次産業に携わっている方たちとの連関の中で、設計者は中動態的に置かれていて、ただ耳を澄ませて線を引いたらこうなりましたみたいな建築が思い浮かびました。

正田　「設計者酵母菌」みたいな。

藤原　そう、「設計者酵母菌」。私は発酵のスターターでした。そんな世界、かっこいいですよね。

正田　かっこいいですね。

藤原　思想もそうありたいな。カントやヘーゲルを読んだ、学んだじゃなくて、カントやヘーゲルを心に取り込んで、いつの間にか別の人とつなげているような、そういう風な言語建築をしたいもんです。

（2023年5月26日、京都大学にて収録）

藤原辰史（ふじはら　たつし）
1976年、北海道旭川市生まれ、島根県横田町（現奥出雲町）出身。京都大学人文科学研究所准教授。博士（人間・環境学）。2019年2月には、第15回日本学術振興会賞受賞。著書に『ナチス・ドイツの有機農業―「自然との共生」が生んだ「民族の絶滅」』『ナチスのキッチン―「食べること」の環境史』『食べるとはどういうことか』『分解の哲学―腐敗と発酵をめぐる思考』『植物考』ほか多数。

日本のフードスケープ

Foodscape in Japan

　日本では四季折々に変化する気温や湿度、特定の季節に吹く風などを活かし、食の生産を行ってきた。柿や大根を乾燥させる軒下や専用の仮設物、風を取り入れ醤油の発酵・熟成を促す窓のある室、海風と太陽熱を活かして塩をつくる塩田の櫓など、日本の食文化や生産者の食に対するこだわりとともに、建築の形やディテールへと修練され、地域に根付くことで特徴的な風景をつくる。

石井味噌*

山之村の寒干し大根*

小豆島の醤油

豊島の天日塩

八女茶

寺田本家*

海の精*

カネサ鰹節商店*

多気町の日本酒

四郷の串柿

下津の蔵出しみかん

田野町の寒干し大根

*はコラム

0　　　　500km

民家前のハゼで冷涼な風に吹かれる串柿

四郷の串柿
Dried persimmon in Shigo

〜からっ風を活用するハゼ・大型柿屋〜

四郷

　串柿の里と呼ばれる和歌山県かつらぎ町四郷地区は大阪から南に車を走らせて1時間半程度、大阪平野を抜けて東西に渡る和泉葛城山脈の葛城山の峠から少し南に下った場所にある。和泉葛城山は標高858mだが、四郷地区の標高は400〜500mで、紀ノ川が流れる和歌山平野に向かって南向きの斜面地に位置している。

　串柿は平安朝時代より主に西日本で、"3種の神器"の天叢雲剣（あめのむらくもつるぎ）として正月の鏡餅の飾りものとして生産されていたという。四郷での生産は400年前に始まったと言われており、1932年の生産農家数は200戸と言われていたが、現在では70戸まで減少している。全国の串柿のほとんどをこの四郷地区で生産しているそうだ。柿は四ツ溝柿という渋柿の品種が使用される。串柿の工程は栽培、収穫、皮むき、串刺し、燻蒸、乾燥、圧縮の順に進められる。今回、四郷の中で大久保地区、平地区を訪れた。

栽培、収穫、皮むき、串刺し

　四ツ溝柿の栽培は、南向きの緩斜面地で行われる。50cmほどの段々畑を土を固めてつくり、平らな部分に柿の木を植えていく。収穫は11月頭からはじまる。収穫した柿はすぐに皮むき機で皮をむく。皮むき機は20年ほど前から機械化が始まったことで1日6000〜8000個の柿を剥くことができるという。皮をむいた柿は計10個を2・6・2の間隔をとりながら長さ40cmほどの平た

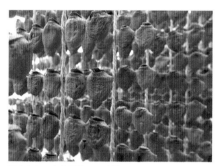

吊るされて水分が抜けた串柿

束になった柿をハゼにかける

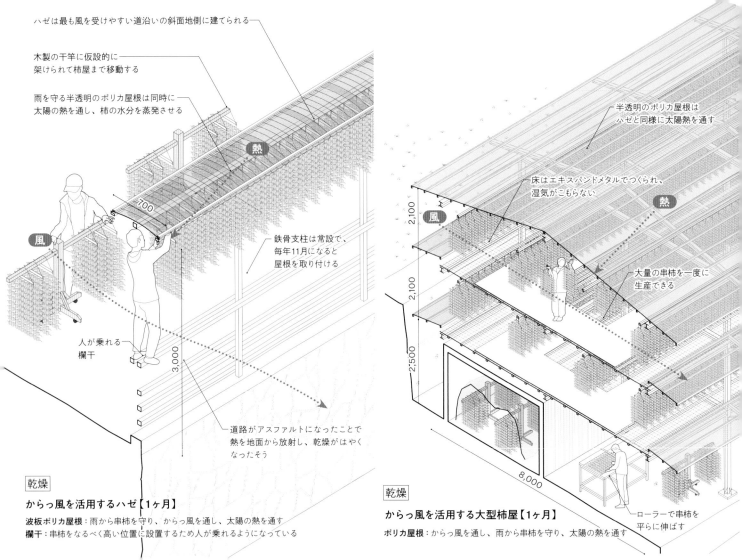

ハゼは最も風を受けやすい道沿いの斜面地側に建てられる

木製の干竿に仮設的に架けられて柿屋まで移動する

雨を守る半透明のポリカ屋根は同時に太陽の熱を通し、柿の水分を蒸発させる

熱

700

風

人が乗れる欄干

3,000

鉄骨支柱は常設で、毎年11月になると屋根を取り付ける

道路がアスファルトになったことで熱を地面から放射し、乾燥がはやくなったそう

半透明のポリカ屋根はハゼと同様に太陽熱を通す

床はエキスパンドメタルでつくられ、湿気がこもらない

2,100

風

熱

2,100

大量の串柿を一度に生産できる

2,500

8,000

ローラーで串柿を平らに伸ばす

乾燥

からっ風を活用するハゼ【1ヶ月】
波板ポリカ屋根：雨から串柿を守り、からっ風を通し、太陽の熱を通す
欄干：串柿をなるべく高い位置に設置するため人が乗れるようになっている

乾燥

からっ風を活用する大型柿屋【1ヶ月】
ポリカ屋根：からっ風を通し、雨から串柿を守り、太陽の熱を通す

い竹串で刺していく。間隔があいた部分に
ビニール紐をひねって竹串を差し込み、10
串を1束にしてひとつの干し柿の単位をつ
くっていく。

燻蒸
<ruby>燻蒸<rt>くんじょう</rt></ruby>

　串柿を室内に移動させビニール袋に入
れ、30分から2時間ほど硫黄燻蒸を行う。
こうすることで、柿が黒くなることを防ぐと
いう。

乾燥：からっ風を活用するハゼ

　束にした串柿は左右に2本の腕がでた
背の低い木製の<ruby>干竿<rt>ほしざお</rt></ruby>に仮設的に架け柿屋
まで移動させる。四郷の空気は乾燥してお
り、寒風が強く吹く。この地域では様々な
柿屋があるが、最も多く見ることができるの
はハゼと呼ばれる仮設の柿屋である。高さ
3mほどの鉄骨支柱を道端にたて、毎年11
月になると柿の収穫を行う前に仮設の木製
の丸太を架けて、中間に足場、棟木をつく
り、棟木の下に梁と桁をビニール紐で結び

つける。屋根は8分割りした竹を垂木にして
しならせ、ポリカの波板をのせていく。最
後に桁、梁、足場を紐の斜材でテンション
をかける。仮設部分は時代を経るごとに少
なくなり、鉄筋の梁、鉄製フックを溶接し
たものも見られる。ハゼは最も風を受けやす
い道沿いの斜面地側に建てられ、雨を守る
半透明のポリカ屋根は同時に太陽の熱を
通し、柿の水分を蒸発させる。また、道路
ぎわのアスファルトにより、地面からも日光
の反射や熱の放射によって柿が乾燥しやす
くなっているという。近年では鉄骨で柱梁、
小屋組がつくられ、屋根には切妻で大きな
ポリカ波板がのせられる大型の柿屋が建ち
始めている。この大型の柿屋は壁がなくス
ケルトンであり、床もメッシュ状のエキス
パンドメタルでつくられるため、様々な方角
からの風を受け、湿気もこもることがない。

圧縮

　柿屋に串柿を乾燥させ始め、半月が経つ
と柿から渋みを押し出すため圧縮工程に入

燻蒸はビニール袋をかぶせて行う

道沿いの欄干部につくられるハゼ

大型の柿屋ではピロティの下で圧縮する

風を活かすハセと大型柿屋に吊るされて橙に色付く かつらぎ町大久保地区の風景

る。ローラーのついた機械を回して10串束になったまま圧縮を行っていく。乾燥-圧縮を1日おきに計7～8回、2週間ほど繰り返すと少しずつ外に出た渋が白くなるのだという。その後20日間ほど乾燥させると柿は琥珀色になっていく。

四郷の風景

　四郷では葛城山南側の日当たりがよく風通しが良い斜面地に柿の木が植えられ様々な串柿を乾燥させるための柿屋が立ち並ぶ。ハゼや大型柿屋以外にも、陸屋根の上に洗濯物を干すように乾燥場所をつくる柿屋や、最上階の立面全体にシャッターを取り付け乾燥の季節は全面開く柿屋があった。また、平地区に移動して柿屋を見てみると、畑の斜面地に沿って細長く幾重にもハゼがつくられていたり、屋根形状に合わせて妻面いっぱいに引き違いの窓を配置している2階建ての柿屋が見られた。このように四郷では柿の生産者の数や需要、技術の変化に柔軟に対応しながら、冷涼な風を活かす建築をつくり続けることで四郷の風景を更新しているのである。時代を経てもオレンジ色の干柿が暖簾のように斜面地にせり出す風景は維持されるであろう。

　串柿は正月の鏡餅の上の飾りつけが終わると、一晩水に浸し柔らかくした後おひたしに混ぜて食べられるそうだ。

大久保地区の柿屋の風景

平地区の斜面に沿ってつくられるハゼ

妻面いっぱいに窓をつくる平地区の柿屋

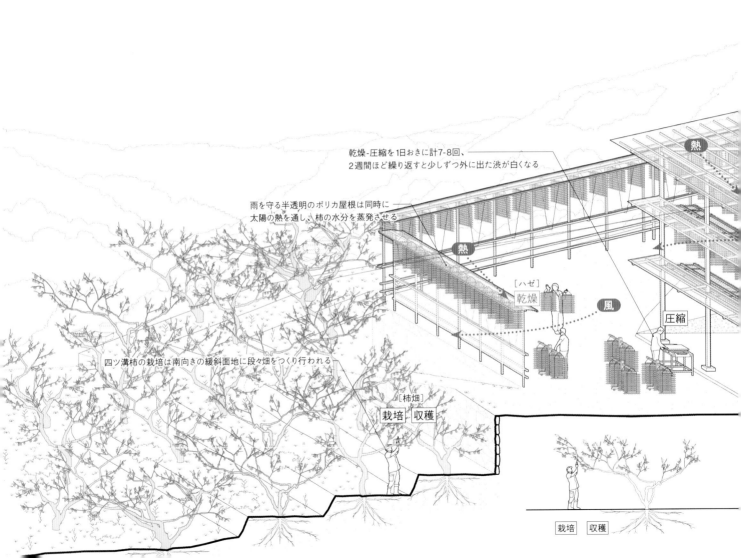

乾燥-圧縮を1日おきに計7-8回、
2週間ほど繰り返すと少しずつ外に出た渋が白くなる

雨を守る半透明のポリカ屋根は同時に
太陽の熱を通し、柿の水分を蒸発させる

熱

熱

風

[ハゼ]
乾燥

圧縮

四ツ溝柿の栽培は南向きの緩斜面地に段々畑をつくり行われる

[柿畑]
栽培　収穫

栽培　収穫

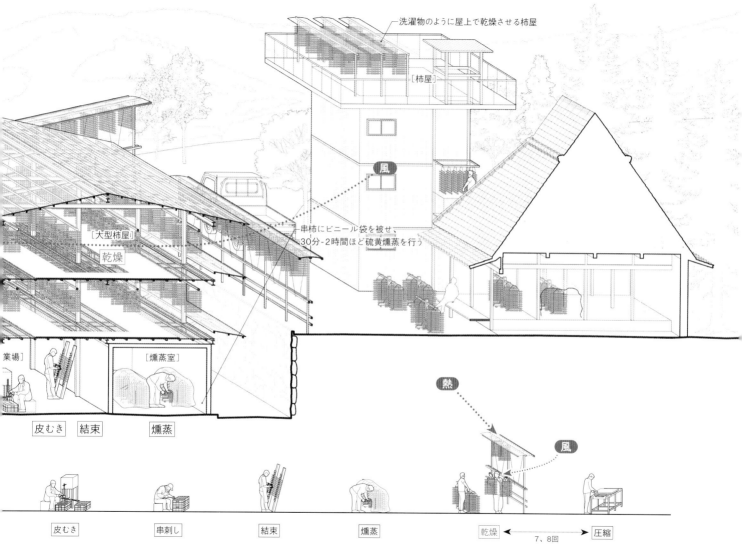

洗濯物のように屋上で乾燥させる柿屋

[柿屋]

風

串柿にビニール袋を被せ、30分-2時間ほど硫黄燻蒸を行う

[大型柿屋]

乾燥

熱

風

[業場]

[燻蒸室]

皮むき　結束　燻蒸

皮むき　　　串刺し　　　結束　　　燻蒸　　　乾燥 ◄┈┈┈► 圧縮

7、8回

大型柿屋
30 〜 40年程前から鉄骨で
規模の大きい柿屋が建ち始めた

大久保地区の柿畑
斜面地下部に柿の畑が集中している

1:3000
siteplan

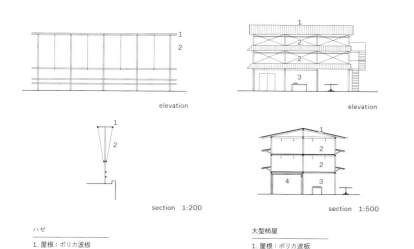

elevation

elevation

section 1:200

section 1:500

ハゼ
___
1. 屋根：ポリカ波板
2. 干場

大型柿屋
___
1. 屋根：ポリカ波板
2. 干場
3. 作業場（圧縮）
4. 燻蒸室

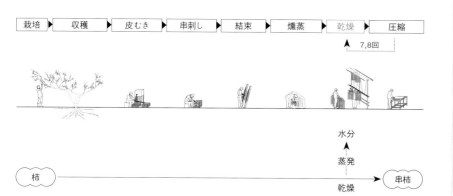

栽培 ▶ 収穫 ▶ 皮むき ▶ 串刺し ▶ 結束 ▶ 燻蒸 ▶ 乾燥 ▶ 圧縮

▲ 7,8回

水分

▲ 蒸発

柿 ━━━━━━━━━━━━━▶ 串柿

乾燥

四郷の串柿

生産地	和歌山県伊都郡かつらぎ町大久保地区、平地区
生産者	かつらぎ町の生産者
みどき	乾燥がはじまる11月初旬〜中旬
気　温	29.3℃（最高）、−0.9℃（最低）
降雨量	1,781mm（年間）
生産工程	栽培、収穫、皮むき、串刺し、結束、燻蒸、<u>乾燥</u>、圧縮
建築と資源	乾燥：からっ風を活用するハゼ・柿屋〈風〉

串柿

鏡餅の飾り

大久保地区

和泉葛城山

平地区

からっ風

@MapTailer

@OSM Contributors / OpenTopoMap

妻面の窓を介して海陸風を蔵の中に取り込む

小豆島の醤油
Soy Sauce in Shodoshima Island

～海陸風を活かす窓のある発酵・熟成室～

醤の郷

　小豆島南東部には醤の郷（醤油蔵通りと苗羽地区および馬木地区）と呼ばれる、近代以前に建てられた醤油蔵が道沿いに軒を連ねるエリアがある。香川県の瀬戸内海に浮かぶ島々のひとつ小豆島は、フェリーを使うと神戸から3時間半、高松から1時間半、フェリー発着場の坂手港からは徒歩で30分ほどで、醤の郷に到着する。到着するとすぐに醤油の匂いが漂ってくる。黒い瓦がのった切り妻屋根に、焼杉が張られた壁面にぽつ窓の開いた醤油蔵が建ち並ぶ。小豆島の醤油の起源は、400年前に醤油の発祥地である和歌山県湯浅から伝わってきたと言われている。もともと花崗岩が侵食されてできた真砂が塩づくりに適していたため、有数な生産地であったが、1800年以降瀬戸内海での塩業が盛んになり、醤油生産に島全体で取り組むこととなる。1900年代には醤油生産は最盛期を迎え醸造所は400軒もあったという。今回、100年以上前から続くヤマロク醤油を訪れた。

煮る、冷却（大豆）　炒る、割砕（小麦）

　ヤマロク醤油では製麹の工程までを小豆島内にある組合で行う。醤油の原料は、大豆、小麦、塩、水である。大豆は煮て、冷却、小麦は炒って、割砕する。

混合、製麹

　その後、培養床回転式自動製麹装置と呼ばれる円盤状の機械の中で、大豆、小麦、

ヤマロク醤油外観

酵母菌と乳酸菌などが付いた梁

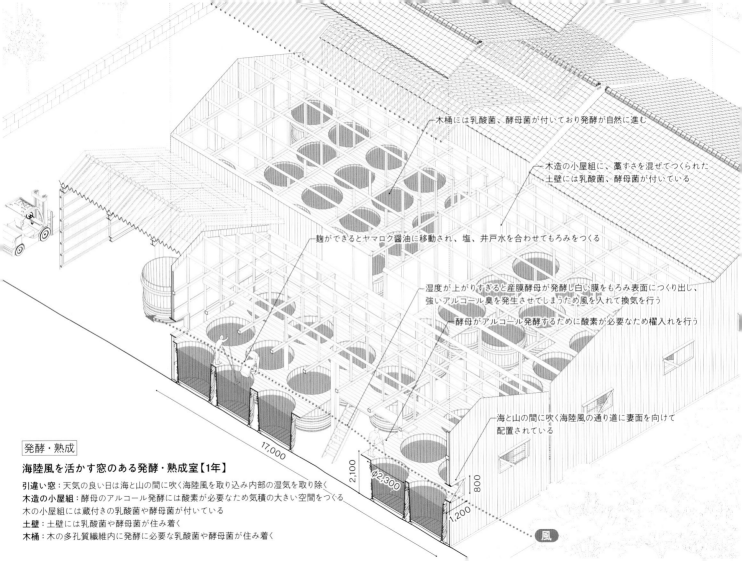

木桶には乳酸菌、酵母菌が付いており発酵が自然に進む

木造の小屋組に、藁すさを混ぜてつくられた
土壁には乳酸菌、酵母菌が付いている

麹ができるとヤマロク醤油に移動され、塩、井戸水を合わせてもろみをつくる

湿度が上がりすぎると産膜酵母が発酵し白い膜をもろみ表面につくり出し、
強いアルコール臭を発生させてしまうため風を入れて換気を行う

酵母がアルコール発酵するために酸素が必要なため櫂入れを行う

海と山の間に吹く海陸風の通り道に妻面を向けて
配置されている

17,000

2,100

Φ2,300

800

1,200

風

発酵・熟成

海陸風を活かす窓のある発酵・熟成室【1年】

引違い窓：天気の良い日は海と山の間に吹く海陸風を取り込み内部の湿気を取り除く
木造の小屋組：酵母のアルコール発酵には酸素が必要なため気積の大きい空間をつくる
木の小屋組には蔵付きの乳酸菌や酵母菌が付いている
土壁：土壁には乳酸菌や酵母菌が住み着く
木桶：木の多孔質繊維内に発酵に必要な乳酸菌や酵母菌が住み着く

種麹を混ぜ合わせて麹をつくる。製麹の工程で麹菌を育てることで酵素を得ることができ、発酵・熟成工程でたんぱく質はアミノ酸へ、でんぷんはブドウ糖にそれぞれ変化していくのである。100年ほど前まで小豆島では、製麹は2階建ての製麹専用の建物で行われていたという。1階にむしろ棚が並ぶ室があり、2階には温度調整室がある。麹をつくるために温湿度を上げるための炉を1階に入れるのだが、室内の温湿度が上がりすぎた際には2階床に設置された換気口の蓋を開け、熱と湿気を越屋根から逃していたという。

仕込み

　麹ができるとヤマロク醤油に移動される。ヤマロク醤油の発酵・熟成室は丸太で組まれた小屋組が大きな気積をつくり微生物の発酵に必要な空気の循環を行う。直径2m、高さ2mほどの木桶がずらりと並べられ、その上に木桶部分に穴のあいた木の足場板がのせられ、仕込みを行う。仕込みとは麹、塩、水を木桶の中で混ぜ合わせてもろみをつくることをいう。その際、櫂棒と呼ばれる竹の棒の先端にかまぼこ板のような形の木片をつけた長さ2m以上の道具が使われる。仕込み水は小豆島の井戸水である。小豆島は、火山によって堆積した岩が花崗岩の侵食を抑えることで花崗岩が地質の広い面積を占めている。花崗岩には麹菌が嫌う鉄分が含まれておらず、カリウムやリンなどの栄養となる成分が多いため、雨が染み込んで伏流水となった仕込み水は醸造に適しているそうだ。

発酵・熟成：海陸風を活かす窓のある発酵・熟成室

　仕込みの後、妻面のポリカと木枠でつくられた引き違い窓の開閉を行いながら、1年以上かけてもろみの発酵・熟成を行う。ここでは主に乳酸菌の乳酸発酵によって酸味をつくり、酵母菌のアルコール発酵によって香りを出す。1〜2ヶ月して乳酸発酵が落ち着くと、今度は床の上から櫂入れを行っ

藁や竹小舞いが編まれてつくられた土壁

杉板によってつくられた木桶

寒霞渓の岩山で海の間に醤の郷がひろがる

て酸素をもろみの中に入れることで、酵母菌がアルコール発酵する。この際、湿度が上がりすぎると産膜酵母が発酵し白い膜をもろみ表面につくり出し、強いアルコール臭を発生させてしまうという。そのため、ヤマロク醤油では、発酵・熟成の際に窓を開けて風を取り入れる。小豆島の大きな面積を占める寒霞渓の岩山は朝の太陽熱を吸収し上昇気流を、夜は岩山が冷え下降気流が生みだされる。そうした海と山の間に吹く"海陸風"の通り道にヤマロク醤油は窓のある妻面を向けて配置されているのである。2階の床から開け閉めできる引き違い窓は乾燥した晴れた日に開けて、夜には窓を閉めるという。

また、ヤマロク醤油の木桶の杉の木質繊維や藁すさを混ぜてつくられた土壁の中、そして大きな小屋組をつくる柱や梁には、蔵付きの乳酸菌や酵母菌がおり、それらがもろみの中に入り込み自然に発酵が進んでいくのである。

圧搾、火入れ、濾過、瓶詰め

発酵・熟成が終わると、木桶からもろみを取り出し、濾布の中に入れ、醤油をしぼる。火入れ、濾過をして瓶詰めを行う。

小豆島の風景

小豆島では、海と山の間に切妻屋根の醤油蔵が建ち並び、窓が海陸風の通り道となるよう配置されている。正金醤油の発酵・熟成室も、同様に窓が配置され風を通すために朝晩に開閉を行っていた。

また、ヤマロク醤油では木桶づくりを復活させようとしている。多くの醤油や日本酒の作り手を各地から呼び集め、ワークショップを行い木桶の利用をひろめている。そうした食生産に関わる道具を利用し続けることも自然を活用する建築を維持・更新することにつながっている。

小豆島の醤油からは塩辛さは感じられず、深いコクとまろやかな塩味がいつまでも口の中に残っていた。

天気の良い日は窓を開けて風を通す

ヤマロク醤油の空撮：上部に山、下部に海がある

正金醤油も同様に窓を開ける

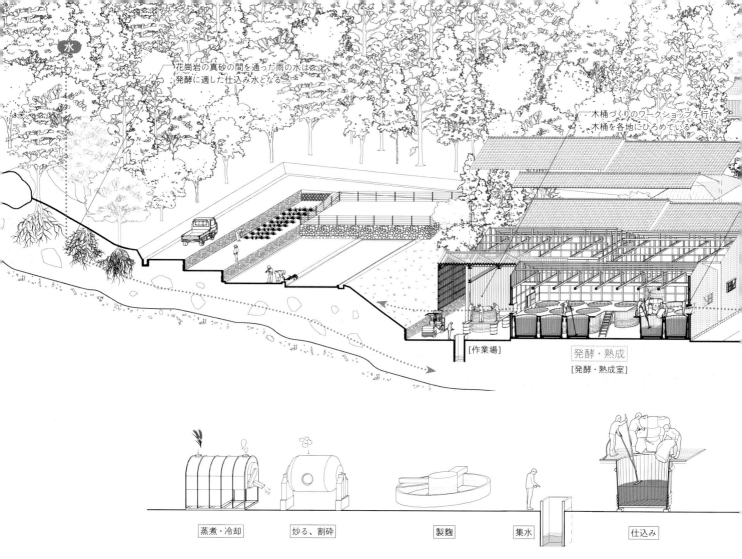

花崗岩の真砂の間を通った雨の水は
発酵に適した仕込み水となる

木桶づくりのワークショップを行い
木桶を各地にひろめている

[作業場]

発酵・熟成
[発酵・熟成室]

蒸煮・冷却　　　炒る、割砕　　　製麹　　　集水　　　仕込み

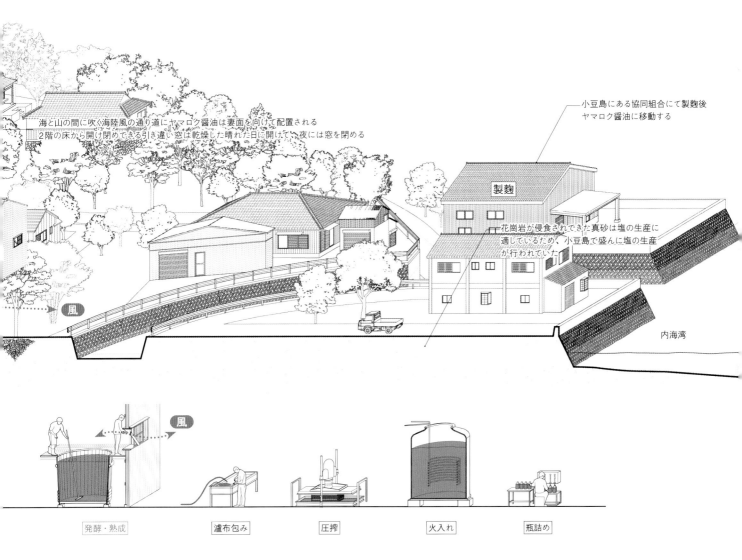

海と山の間に吹く海陸風の通り道にヤマロク醤油は妻面を向けて配置される
2階の床から開け閉めできる引き違い窓は乾燥した晴れた日に開けて、夜には窓を閉める

小豆島にある協同組合にて製麹後
ヤマロク醤油に移動する

製麹

花崗岩が侵食されてきた真砂は塩の生産に
適しているため、小豆島で盛んに塩の生産
が行われていた

風

内海湾

風

発酵・熟成　　　　濾布包み　　　　圧搾　　　　火入れ　　　　瓶詰め

▲寒霞渓

ヤマロク醤油
東側に発酵・熟成室があり、西側に圧搾、火入れを行う作業場がある
また西側には売店や試飲場所があり多くの見学者が訪れる

海陸風
寒霞渓の岩山は朝の太陽熱を吸収し、上昇気流をうみだし、
夜は岩山が冷え、下降気流をうみだす
ヤマロク醤油は風が通る谷地に建っている

▼内海湾

1:4000
siteplan

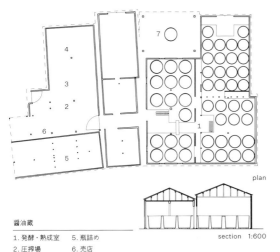

plan

elevation

section 1:100

section 1:600

醤油蔵

1. 発酵・熟成室　5. 瓶詰め
2. 圧搾場　　　　6. 売店
3. 濾布　　　　　7. 作業場（木桶づくり）
4. 火入れ場

木桶

1. 側板：杉
2. 箍：孟宗竹
3. 底板：杉

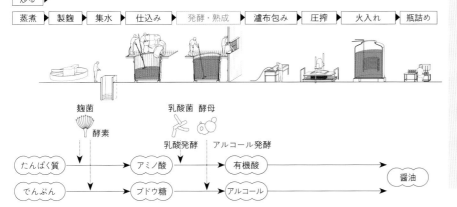

炒る ▶

蒸煮 ▶ 製麹 ▶ 集水 ▶ 仕込み ▶ 発酵・熟成 ▶ 濾布包み ▶ 圧搾 ▶ 火入れ ▶ 瓶詰め

麹菌　乳酸菌 酵母

酵素　　乳酸発酵　アルコール発酵

たんぱく質 ▶ アミノ酸 ▶ 有機酸 ▶▶▶ 醤油

でんぷん ▶ ブドウ糖 ▶ アルコール ▶▶▶

小豆島の醤油

生 産 地	香川県小豆郡小豆島町安田甲1607
生 産 者	ヤマロク醤油
み ど き	年中
気 温	30.2℃（最高）、2.7℃（最低）
降 雨 量	1,402mm（年間）
生　産工　程	製麹、仕込み、発酵・熟成、濾布包み、圧搾、火入れ、瓶詰め
建 築 と資　源	発酵・熟成｜海陸風を活かす窓のある発酵・熟成室〈風〉

もろみ

醤油

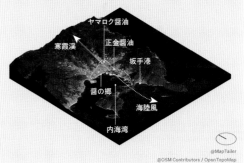

@MapTailer

@OSM Contributors / OpenTopoMap

石井味噌
Ishii Miso

味噌 / 長野県松本市
Miso / Nagano Prefecture Matsumoto City

～熱を取り込む天窓～

　長野県松本駅から東へ徒歩15分、石井味噌に到着する。慶応4（1868）年から約150年続く蔵元である。味噌づくりは磨り潰した大豆、米麹、塩を混ぜ合わせて仕込みを行う。その際、天然醸造で行うか、速醸法で行うかに大きな違いがある。前者は木桶を使用し自然の温湿度環境の中で味噌の発酵・熟成を行う一方、後者はステンレスタンクに熱を加え手早く発酵・熟成を行う方法である。石井味噌は6尺の杉桶（4t半）で3年間発酵・熟成を行う二寒二土用（2回冬と夏を越す）の天然醸造を行なっている。高度経済成長期だった昭和30年代、速醸法という大量生産の波が押し寄せ石井味噌でも研究を重ねたそうだが、天然醸造の味はでなかったという。

　石井味噌には仕込み蔵（一年蔵）、中蔵（二年蔵）、南蔵（三年蔵）と蔵が分かれており、9月ごろに仕込みを行い、1年経つともろみを移し替える。この作業は天地返しと呼ばれ、もろみを混ぜながら酵母菌に必要な酸素を供給して発酵を促すという。中蔵には次の年の2月に移動する。中蔵は中央に四角形に切り取られた天窓が並び、上部の透明ポリカ屋根から末広がりに光が落ちるようになっている。天窓は天井に引戸が設置され、両側に取り付けられた紐を引くことで開閉することができる。この天窓は秋から冬の間の天気の良い日に開くことで熱を取り込み、乳酸菌や酵母菌が発酵する期間をなるべく長くしているのである。こうして2年目から3年目の蔵に移し、味噌が完成する。色・味・香りのピークは3年目だそうだ。

天窓の上部にはポリカ屋根がのる

紐を引いて天窓を開く

発酵した味噌

末広がりの天窓から光とともに熱を取り込んで発酵を促す

ジグザグに張られた防風ネットに海水を垂れ流し、海風で濃縮する流下式塩田

豊島の天日塩
Sun-dried Salt in Teshima Island

～海風と太陽熱を活かす流下式塩田・結晶ハウス～

豊島

　豊島は瀬戸内海の東部、小豆島の西側に位置しており、岡山県の宇野港から豊島の家浦港まではフェリーで40分程度で到着する。日本は、岩塩や塩湖などの塩資源に恵まれておらず、また、海水の塩分濃度も3％程度、気候が高湿多雨なので、太陽の熱と風のみで塩を結晶化させる天日製塩法に適していない。そのため、日本では昔から海水を濃縮させ火で加熱して結晶化させる煎熬採塩法が主に用いられてきた。瀬戸内海全体でも1650年ごろ赤穂の地で始まった入浜塩田が主流であった。しかし、近年では日本でも塩分濃度を濃縮させたのち、ビニールハウスの中で水分を蒸発させる天日製塩法が確立された。天日塩の工程は集水、濃縮、撹拌、天日、ゴミ取り、袋詰めの順に進められる。今回、東京から移住してきた門脇さん夫婦のてしま天日塩ファームを訪れた。

集水

　豊島での塩づくりは1年を通して行われる。週に一度程度、満潮のタイミングで海水をポンプで汲み上げタンクに集水する。

濃縮：海風と太陽熱を活かす流下式塩田

　流下式塩田は、集水した海水の水分を蒸発させ、塩分濃度が高まった鹹水をつくる、塩づくりにおいて大きな役割を担っている。ジグザグに張られた防風ネットの上から海水を垂れ流し、何度も循環させるこ

木材の間に防風ネットをジグザグに張る

上からパイプで海水を垂らし、何度も循環させる

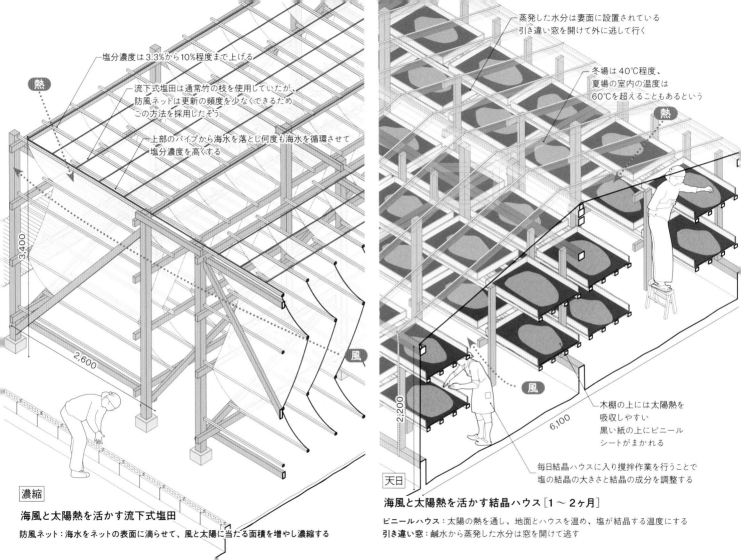

塩分濃度は3.3%から10%程度まで上げる

流下式塩田は通常竹の枝を使用していたが、防風ネットは更新の頻度を少なくできるためこの方法を採用したそう

上部のパイプから海水を落とし何度も海水を循環させて塩分濃度を高くする

熱

3,400

2,600

蒸発した水分は妻面に設置されている引き違い窓を開けて外に逃して行く

冬場は40℃程度、夏場の室内の温度は60℃を超えることもあるという

熱

2,200

6,100

木棚の上には太陽熱を吸収しやすい黒い紙の上にビニールシートがまかれる

毎日結晶ハウスに入り撹拌作業を行うことで塩の結晶の大きさと結晶の成分を調整する

風

天日

濃縮

海風と太陽熱を活かす流下式塩田

防風ネット：海水をネットの表面に滴らせて、風と太陽に当たる面積を増やし濃縮する

海風と太陽熱を活かす結晶ハウス［1〜2ヶ月］

ビニールハウス：太陽の熱を通し、地面とハウスを温め、塩が結晶する温度にする

引き違い窓：鹹水から蒸発した水分は窓を開けて逃す

とで海風と太陽熱を活用しながら濃縮を行う。この方法は流下式塩田の枝条架利用の応用である。枝条架とは木の柱に竹の小枝を箒のように組んでいくことで流れた海水がしずくをつくり、風が蒸発を促し、塩分濃度を濃縮する。ここでは竹を箒状につける代わりに、木のフレームに横材を架け、そこにジグザグに防風ネットをつけることで、上部のパイプから滴り落ちる海水を隙間なくネットと触れさせ、海水が風と太陽に当たる面積を増やしているのである。竹は長年使用すると更新が大変なのに対し、ネットであれば更新が簡単なのでこの方法を採用した。てしま天日塩ファームは豊島の南東側の海岸沿いにあるそうだが、そこでの風の吹き方と日当たりがこの流下式塩田に一番適しており、塩分濃度は3.3%から夏は10%、冬は12%程度まで上げている。

撹拌・天日：海風と太陽熱を活かす結晶ハウス

結晶ハウスでは鹹水を海風と太陽熱で塩の結晶にする。切り妻屋根のビニールハウスの中には、木造で組んだフレームの間に木棚が2段ずつ計72個設置される。ビニールハウスは熱を通し、まず地面が温まったのちハウス全体の空気が温められる。冬場は40℃程度、夏場の室内の温度は60℃を超えることもあるという。熱によって水分を段々と蒸発させて行くのである。また、木棚の上には黒い紙の上にビニールシートがまかれ、鹹水が入れられる。黒い紙は太陽熱を吸収しやすいため温度が上がりやすい。少しでも早く水分を蒸発させるための工夫である。蒸発した水分は妻面両側に設置されている既成のアルミサッシの窓を開けて海風を通すことで水分を外に逃して行く。こうして窓の開け方で温湿度を調整しているのである。また、天日を行うのに大切なのは、毎日結晶ハウスに入り塩の様子を見ながら、撹拌作業を行うことだ。海水からはカルシウム、塩化ナトリウム、マグネシウム、カリウムが析出するが、どの成分をどれだけ結晶化させるかによって塩の味

枝条架（赤穂市立海洋科学博物館、塩の国）

結晶小屋は木造で木棚が2段に組まれる

結晶の大きさを調整するために毎日撹拌を行う

海風と太陽熱を活かす流下式塩田と結晶ハウス

を決めている。そのため、季節ごとに異なる気温や湿度を肌で感じ、それぞれの成分の結晶化の様子を見極めながら撹拌を行うことで、塩の結晶の大きさや結晶化させる成分を微細に調整しているのである。こうして夏は1ヶ月、冬は2ヶ月程度かけて鹹水は塩の結晶となる。

ゴミ取り、袋詰め

ここで完全に水分を蒸発させてしまうと、塩化マグネシウムの結晶が多くなってしまうため、塩が苦くなってしまう。そのため、塩分濃度が30％前後になると、布袋に入れて一度にがりをきり、もう一度結晶ハウスに戻して完全に塩を乾燥させるのである。そして手作業でごみ取りを行なって袋詰めをする。

豊島の風景

豊島では、海風と太陽熱を活かすため海沿いに流下式塩田と結晶ハウスで天日塩を生産している。海と風と太陽の資源を建築

と人が活かすことで塩は結晶となるのである。濃縮と天日による製塩は高知県の土佐や熊本の天草でも数人の生産者が同様の方法で塩づくりを行なっている。塩の専売制度が1997年に廃止され、塩づくりが自由化されたことで、手づくりによる塩の生産方法が見直されている。イオン交換膜法で塩化ナトリウムだけを抽出するのではなく、海水に含まれるカルシウムやカリウム、マグネシウムなどを一緒に結晶化することができるのだ。そうした手作りの塩生産と共に自然を活かす建築はある。防風ネットやビニールハウス、既製品サッシなどの現代技術を過去の製塩方法に組み合わせながら塩生産は新しい風景をつくっていくのである。

豊島の塩は濃厚な旨味と爽やかな甘さが口の中に広がる、優しい塩味を持っていた。

結晶途中の塩のようす

妻面には既製品サッシが取り付けられる

結晶ハウスは夏場は60℃にもなる

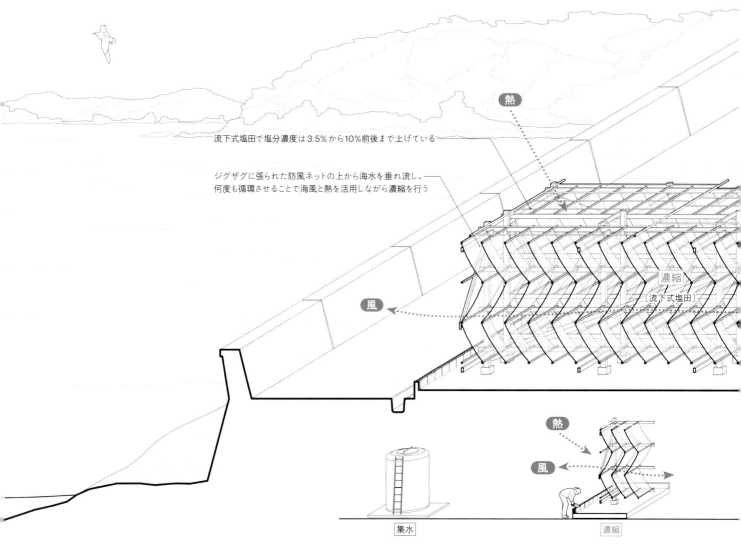

流下式塩田で塩分濃度は3.5%から10%前後まで上げている

ジグザグに張られた防風ネットの上から海水を垂れ流し、
何度も循環させることで海風と熱を活用しながら濃縮を行う

熱

風

濃縮
[流下式塩田]

熱

風

集水

濃縮

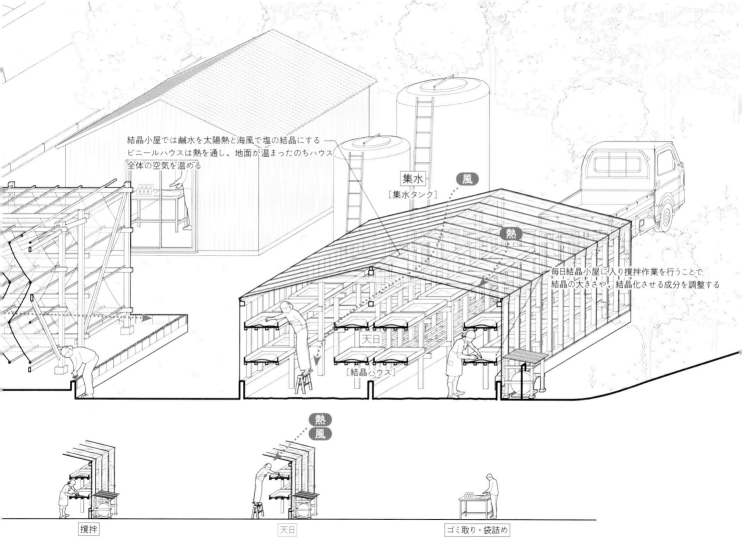

結晶小屋では鹹水を太陽熱と海風で塩の結晶にする
ビニールハウスは熱を通し、地面が温まったのちハウス
全体の空気を温める

集水
[集水タンク]

風

熱

毎日結晶小屋に入り撹拌作業を行うことで
結晶の大きさや、結晶化させる成分を調整する

天日

[結晶ハウス]

熱
風

撹拌

天日

ゴミ取り・袋詰め

結晶ハウス
塩を結晶化させるビニールハウス
妻面にサッシが付いており風が抜ける

流下式塩田
海水を濃縮して鹹水にする塩田
東西に吹く風を活用する

集水タンク
満潮時に海水を集水しタンクに貯めておく

1:1000
siteplan

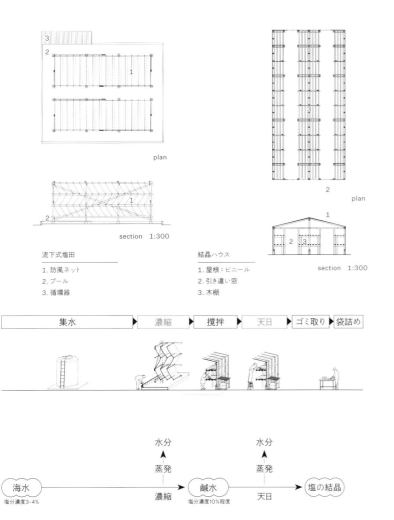

plan

plan

section 1:300

section 1:300

流下式塩田
1. 防風ネット
2. プール
3. 循環器

結晶ハウス
1. 屋根：ビニール
2. 引き違い窓
3. 木棚

| 集水 | → | 濃縮 | 撹拌 | 天日 | ゴミ取り | 袋詰め |

海水
塩分濃度3～4%

水分
↑
蒸発
濃縮

鹹水
塩分濃度10%程度

水分
↑
蒸発
天日

塩の結晶

豊島の天日塩

生 産 地	香川県小豆郡土庄町豊島家浦3454
生 産 者	てしま天日塩ファーム
み ど き	塩の天日の時期：年中
気 温	30.2℃（最高）、2.7℃（最低）
降 雨 量	1,402mm（年間）
生 産 工 程	集水、濃縮、撹拌、天日、ゴミ取り、袋詰め
建 築 と 資 源	濃縮：海風と太陽熱を活かす流下式塩田〈風・熱〉 天日：海風と太陽熱を活かす結晶ハウス〈風・熱〉

海水

塩

家浦港

てしま天日塩ファーム

N

@MapTailer

©OSM Contributors / OpenTopoMap

海の精
Umi no sei

塩 / 東京都大島
Salt / Tokyo Oshima

〜海風と熱を活かす流下式塩田・熱を活かす結晶ハウス〜

　東京都竹芝から高速船で約2時間、東京湾を抜けて大島の元町港に到着する。大島では塩運動をきっかけに日本ではじめて天日製塩法が確立された。

　1971年に施行された塩業近代化臨時措置法により塩の生産はイオン交換膜によって海水を濃縮し、真空蒸発缶を使用して結晶をつくる近代的な製塩法となる。それ以来、日本伝統の塩田は姿を消すこととなる。しかし、これをきっかけに健康を心配する研究者、食に関心の高い消費者による自然塩復活運動（塩運動）が大島ではじまり、1977年日本のモンスーン気候では不可能と言われていた天日製塩の方法を確立した。そして1997年、塩専売法が廃止され、国内での塩の製造と販売が自由化されると、流下式塩田と結晶ハウスを組み合わせた天

日製塩法は全国に広がり、手仕事による塩の生産が可能となった。

　今回、塩運動を行ってきた団体を母体とした”海の精”を訪れ、天日製塩法をみた。流下式製塩をベースとしてつくられた流下式塩田は、海風を最大限に活かすために断崖絶壁の場所に立つ。2x4の規格材で門型フレームをつくり、それらを繋ぐ桁材に細かいピッチで角材をいれ、黒いネットをジグザグに張ることで、海風と太陽熱で海水を濃縮する。結晶ハウスはガラスの切妻形状で太陽熱を取り込む。中には80リットルの鹹水が入るチタン製の容器が並べられ、晴れの日に1日1回以上撹拌を行う。夏は2週間、冬は1ヶ月結晶ハウスに入れて結晶化させ、にがりをとって完成する。塩は口に含むと、甘みと旨みが複雑に絡み、キレのある味だ。

塩運動の際、実験のためにつくられた「タワー式」の採鹹装置（©海の精㈱）

ネットをジグザグに張る流下式塩田

塩を結晶化する結晶ハウス

断崖絶壁に建ち、海風と太陽熱を受けて海水を濃縮する流下式塩田

突き出し窓を開けて冷気を取り込み蒸米を放冷する

多気町の日本酒
Japanese Sake in Taki town

～温湿度を調節する換気筒のある麹室・寒風を取り込む窓のある仕込室～

多気町

　多気町は三重県多気郡に位置し、伊勢神宮から西へ車を走らせ30分、電車だと1時間半のところに日本酒蔵、河武醸造がある。五桂と呼ばれる村にあり、伊勢平野と紀伊山地が接する部分、そして伊勢湾に続く宮川水系が流れ込む地域である。今回、多気町の中で150年前の明治期に建てられた木造2階建ての酒蔵を持ち、8代にわたって日本酒づくりを営む河武醸造を訪れた。河武醸造は大きな酒蔵と蒸米小屋、売店の分棟で、酒蔵は1階の大部分に発酵のための仕込み樽が並べられており、麹室もある。2階には大きな床があり米を放冷できる大きな仕込み室と酒母室がある。ここでは主に寒造りと呼ばれる、寒い冬だけに酒造りを行う江戸時代から続く製法が取られている。日本酒には様々な種類があるが、純米酒のつくり方を例にあげる。

蒸米

　毎年9月下旬の20日ごろ、越屋根の間から蒸気が立ち始める。酒造りの最初の工程、蒸米がはじまったことの合図である。この時期になると、酒造りの責任者の杜氏と蔵人たちが10人ほど酒造に集まる。精米された酒米は大きな甑に入れられ熱い蒸気で蒸される。日本酒の工程では蒸米が1工程を見ても製麹、酒母、3段仕込みと計5回ほど使用されるためとても大切な工程である。

お米を蒸すことから酒造りは始まる

麹室で種麹をふりかける

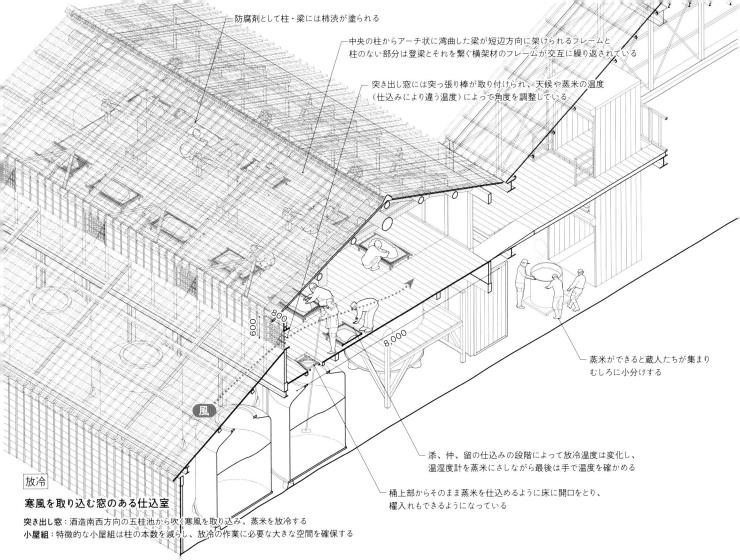

防腐剤として柱・梁には柿渋が塗られる

中央の柱からアーチ状に湾曲した梁が短辺方向に架けられるフレームと
柱のない部分は登梁とそれを繋ぐ横架材のフレームが交互に繰り返されている

突き出し窓には突っ張り棒が取り付けられ、天候や蒸米の温度
（仕込みにより違う温度）によって角度を調整している

蒸米ができると蔵人たちが集まり
むしろに小分けする

600

800

8,000

添、仲、留の仕込みの段階によって放冷温度は変化し、
温湿度計を蒸米にさしながら最後は手で温度を確かめる

桶上部からそのまま蒸米を仕込めるように床に開口をとり、
櫂入れもできるようになっている

風

放冷

寒風を取り込む窓のある仕込室

突き出し窓：酒造南西方向の五桂池から吹く寒風を取り込み、蒸米を放冷する

小屋組：特徴的な小屋組は柱の本数を減らし、放冷の作業に必要な大きな空間を確保する

製麹：麹室の湿度を調節する換気筒

　麹室は蒸米に種麹をふりかけ、麹を作る室である。麹をつくることで米に含まれるデンプンを発酵させて糖分にすることができる。麹をつくる分解過程では温度を30℃〜35℃と安定させること、そして蒸米から熱と蒸気が発生するため、蒸気が結露して麹に再付着しないよう換気を行うことが重要である。そのため、麹室は二重壁の構造となっており、壁の間に籾殻が断熱材として詰め込まれることで温度を一定に保っている。また、壁面は杉板で調湿できるほか、蒸米を載せる麹箱は裏面が簀の子状になっており通気ができるようになっている。さらに、天井には自然換気用の天窓とそこに接続された2本の長さの違う換気筒がつき、暖かい空気は上昇し、長筒より熱と蒸気が排気され、短筒からは吸気が行われるのである。天窓は湿度が高くなった際には開けることで、自然換気を行うことができるという。こうして1日一回米を混ぜる作業を行いながら、約3日間で麹が完成する。

酒母

　酒母は、水、麹、蒸米を混ぜ合わせデンプンを糖分にしてアルコールにするための仕込みの最初の工程である。河武酒造では山廃仕込みで酒母がつくられ、乳酸菌が発酵し、酵母が生育する。

放冷、発酵（三段仕込み）：寒風を取り込む窓のある仕込室

　酒母ができると、それを発酵のベースとして大きなホーローのタンクに入れ、その中に蒸米を3回に分けて仕込む、三段仕込み（添、仲、留とそれぞれ呼ばれる）の工程に移っていく。蒸米が出来上がると蔵人たちが集まり、蒸米をむしろと呼ばれる麻に小分けにして包み、台車に乗せてEVで風の通りやすい2階へ運んでいく。2階は切り妻屋根を支える木造の丸太梁があらわしになっており、妻中央の柱からアーチ状に湾曲した梁が短辺方向に架けられ、柱のない部分は横架材のフレームが交互に繰り返されている。そうして柱を落とす場所を最小

麹室の天窓

長さの違う換気筒と籾殻断熱

米はむしろで小分けにして包まれる

平面の突き出し窓から寒風を取り入れる

限に抑えることで、蒸米を放冷するための大きな空間がつくられる。2階の床には畳1枚程度の大きさのすのこ状の木棚が一面に置かれ、そこにむしろと蒸米を広げていく。仕込室の平面には格子の付いた突き出し窓があり、酒造の南西方向の五桂池から吹く寒風を取り込みながら蔵人が米をかき混ぜることで放冷を行う。窓には突っ張り棒が取り付けられ、その日の天候や蒸米の温度によって角度を調整しているそうだ。また、蒸米の放冷温度は、添、仲、留の仕込みの順に温度を下げる。温度計を蒸米にさしながら最後は手で温度を確かめるそうだ。こうしてできた蒸米を掛米と呼び、2階の床を開き、直接ホーロー樽の中に仕込み、最後に櫂入れを行う。仕込まれた液体はもろみと呼ばれ、デンプンの糖化とアルコール発酵が同時に進行する並行複発酵が行われる。

上槽、滓引き、濾過、火入れ、瓶詰め

添仕込みから1ヵ月後にもろみを搾り、酒と酒粕に分ける上槽と呼ばれる工程を行い、濾過して火入れし、瓶詰めを行なって日本酒が完成する。

多気町の風景

酒造りにおいて米の温湿度を巧みに調整するための建築の知恵がある。特に、蒸米を仕込むための米の放冷のため、五桂池から丘陵地の間を通って吹く風を活かすための酒造の配置や突き出し窓は、酒造の特徴である。寒造りは江戸時代に灘五郷で生産方法が確立され、その後杜氏たちがその技術と知恵を全国に広めたと言われている。しかし冷蔵技術の発達した現在、米を自然の力で時間をかけて冷やしたり、麹の温湿度を昔ながらの製法で調整する意味や方法が問いなおされている。

河武醸造の日本酒は滑らかで、寒風に晒されたことが強い深みとキレを日本酒に与えているような感じがした。

木枠の上にむしろを敷き、蒸米を冷やす

蒸米の温湿度を調整するための突き出し窓

五桂池から吹く風の通り道

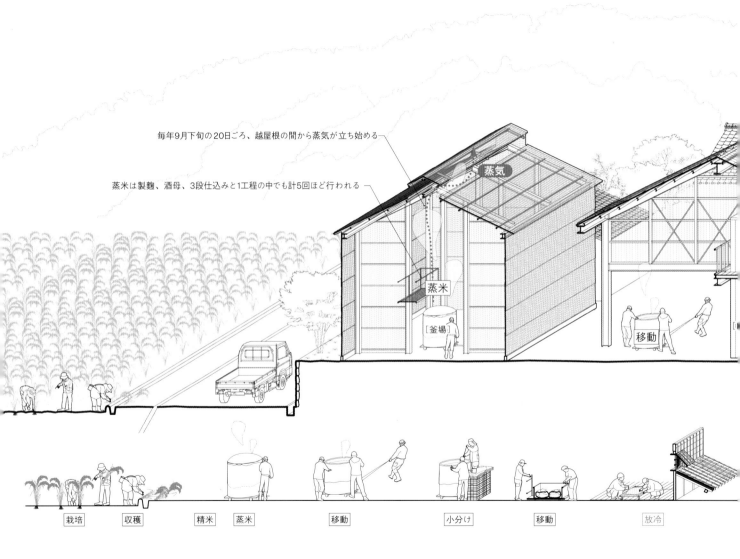

毎年9月下旬の20日ごろ、越屋根の間から蒸気が立ち始める

蒸米は製麹、酒母、3段仕込みと1工程の中でも計5回ほど行われる

蒸気

蒸米

［釜場］

移動

栽培　　　収穫　　　精米　蒸米　　　　移動　　　　　小分け　　　　移動　　　　放冷

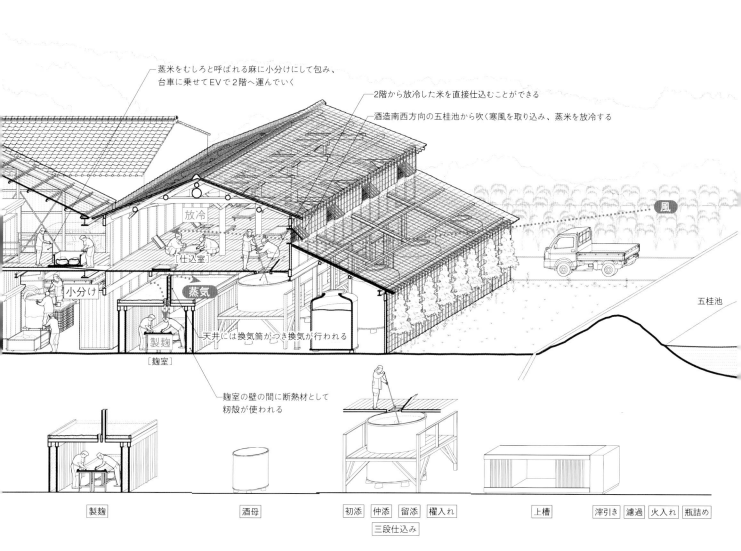

蒸米をむしろと呼ばれる麻に小分けにして包み、
台車に乗せてEVで2階へ運んでいく

2階から放冷した米を直接仕込むことができる

酒造南西方向の五桂池から吹く寒風を取り込み、蒸米を放冷する

放冷

［仕込室］

風

小分け

蒸気

五桂池

天井には換気筒がつき換気が行われる

製麹

［麹室］

麹室の壁の間に断熱材として
籾殻が使われる

製麹

酒母

初添　仲添　留添　櫂入れ

三段仕込み

上槽

滓引き　濾過　火入れ　瓶詰め

売店
お酒を試飲、購入することができる

釜場
釜から出た蒸気を越屋根から排出する

河武醸造
蔵、釜場、売店にわかれ分棟形式で計画されている
蔵は1階に仕込み桶、麹室があり2階に仕込み室と酒母室がある

五桂池からの寒風
冬期に南西に位置する五桂池から谷の間を寒風が抜けてくる
その寒風によって蒸米を放冷する

五桂池 N→

1:2000
siteplan

酒蔵
1. 仕込室
2. 桶場
3. 作業場
4. EV
5. 突き出し窓

section 1:300

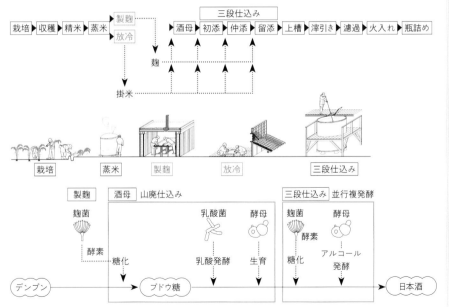

栽培 → 収穫 → 精米 → 蒸米 → 製麹
　　　　　　　　　　　　　 → 放冷

三段仕込み
酒母 → 初添 → 仲添 → 留添 → 上槽 → 滓引き → 濾過 → 火入れ → 瓶詰め

麹

掛米

栽培　蒸米　製麹　放冷　三段仕込み

製麹　酒母 山廃仕込み　　　　　　　三段仕込み 並行複発酵
麹菌　　　　　　　乳酸菌　酵母　　　麹菌　　　酵母
酵素　　　　　　　　　　　　　　　酵素
　　　　糖化　　　乳酸発酵　生育　　糖化　　アルコール発酵
デンプン　→　ブドウ糖　→　　　　　　　　　→　日本酒

多気町の日本酒

生 産 地	三重県多気郡多気町五桂234
生 産 者	河武醸造
み ど き	酒造りの始まりの時期9月下旬
気　　温	29.3℃（最高）、1.5℃（最低）
降 雨 量	2,015mm（年間）
生　　産 工　　程	栽培、収穫、精米、蒸米、製麹、放冷、酒母、三段 仕込み、上槽、滓引き、濾過、火入れ、瓶詰め
建 築 と 資　　源	製麹：麹室の湿度を調節する換気筒 〈湿気〉 放冷：冷たい風を活用する窓のある発酵室 〈風、冷気〉

蒸米　　　麹　　　日本酒

五桂池　　河武酒造　　寒風

@MapTailer
@OSM Contributors / OpenTopoMap

寺田本家
Terada Honke

日本酒/千葉県香取郡神崎町
Japanese Sake / Chiba Prefecture Kanzaki City

～蔵つきの菌～

東京駅から車で1時間、千葉県香取郡神崎町にある寺田本家に到着する。1673年創業の寺田本家は現在24代目。先代まで寺田本家は原酒を大手メーカーにタンクごと売り渡す「桶売り」を行い、酒母は速醸仕込み、ベルトコンベアを使い冷蔵庫で米を冷やしていた。しかし、先代が体調を崩したことをきっかけに「いかに自然との関わり方を見直すか」を主軸に機械に頼った生産をやめ、昔の道具を使い、蔵付きの菌を活かし酒造りをするようになったという。

酒造りが始まる10月に10人ほどの蔵人たちが集まり、木製の甑（こしき）で米を蒸していく。木棚にむしろを敷いて、蒸米をひろげることで放冷する。利根川から湿気を含んだ空気が九十九里からの浜風とともに適度な湿気をつくり、筑波おろしの山風にのった冷涼な風を窓や戸から取り入れる。製麹は床麹法（とここうじほう）と呼ばれる通気できる大きな床の上で行い、湿気が高い際には天窓を開けて換気を促す。酒母は生酛造り（きもとづくり）と呼ばれ、半切り桶に蒸米と麹、水を合わせてかぶら櫂と呼ばれる櫂棒ですり潰すことで蔵付きの乳酸菌を取り込む。その後蔵付きの酵母菌を取り込む。蔵付きの菌は土壁や柱、梁などに住み着いているという。その後、酒母に蒸米を追加し三段仕込みの工程を行う。

仕込みの水は隣接する神崎神社の森から浸透してきたものであり、蔵人たちが自らが鎮守の森を守る活動をすることで仕込み水を守ったり、田植えを行い酒米をつくるなど、酒造りに欠かせない資源を自ら耕し守ることで神崎町の風景と酒造りを守り、次世代へとつなげているのである。

隣接する鎮守の森から仕込み水を汲む

換気をしながら製麹を行う

生酛造りで蔵付きの菌を取込む（©寺田本家）

蒸米を冷涼な風を入れながら放冷する

仕込みは"仕込み唄"を歌いながら行うことで櫂入れの時間をはかる

玉露をつくるための日差しを防ぎ湿気を閉じ込める菰の覆い

八女茶
Tea in Yame

～日光を遮り湿気を閉じ込める菰の覆い・安定した光を取り入れる拝見窓～

八女市星野村

　福岡県八女市星野村は、博多駅から筑紫平野を南下し、矢部川の支流である星野川が流れる耳納山地を登って行くと到着する。川沿いの谷地に村や棚田、段々の茶畑があり、斜面地上部には杉が植えられている。室町時代の八女茶発祥時、煎茶が主流であったが、明治37（1904）年から本格的に玉露生産が八女市星野村において始まる。煎茶とは新芽から摘み取りまで日光を浴びせて育てるが、玉露は新芽が出ると摘み取りの約3週間前から日光を遮って育てる違いがある。今回、星野村と八女市にある矢部屋許斐本家を訪れ、八女茶本玉露のつくり方を見た。

栽培、収穫（茶摘み）：日光を遮り湿気を閉じ込める菰の覆い

　茶の収穫は大きく3回に分かれ、1番茶の収穫は4月下旬に始まり5月上旬に最盛期、2番茶は6月中旬から7月上旬、3番茶は7月下旬から8月上旬にそれぞれ行われる。玉露は甘みと旨味がつまった新芽の1番茶でつくるため、より葉を柔らかく湿潤につくることが重要である。星野川が流れ込む星野村は多湿で、昼夜の寒暖差が大きいため、川霧や朝霧が発生しやすい。急峻な斜面地に広がる茶畑を霧が覆い、太陽光を拡散し直射日光を遮るのである。こうした自然がつくる覆いに加え、新芽の収穫3週間前に稲藁や葦を荒く編んだ菰を斜面地の石積みの段々茶畑にかけていく。石積

稲藁や葦等を荒く編んだ菰の覆い

しごき摘みと呼ばれる方法で茶摘みを行う

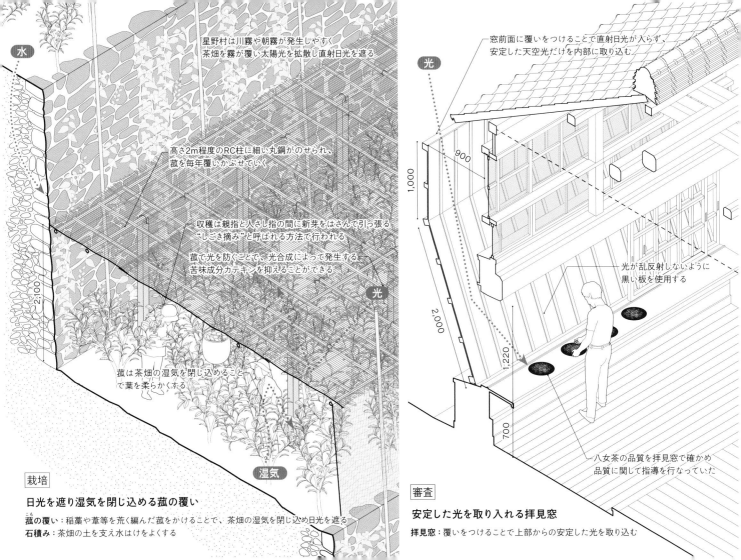

水

星野村は川霧や朝霧が発生しやすく
茶畑を霧が覆い太陽光を拡散し直射日光を遮る

高さ2m程度のRC柱に細い丸鋼がのせられ、
菰を毎年覆いかぶせていく

収穫は親指と人さし指の間に新芽をはさんで引っ張る
"しごき摘み"と呼ばれる方法で行われる

菰で光を防ぐことで、光合成によって発生する
苦味成分カテキンを抑えることができる

光

2,100

菰は茶畑の湿気を閉じ込めること
で葉を柔らかくする

湿気

栽培

日光を遮り湿気を閉じ込める菰の覆い

菰の覆い：稲藁や葦等を荒く編んだ菰をかけることで、茶畑の湿気を閉じ込め日光を遮る
石積み：茶畑の土を支え水はけをよくする

光

窓前面に覆いをつけることで直射日光が入らず、
安定した天空光だけを内部に取り込む

900

1,000

2,000

1,220

700

光が乱反射しないように
黒い板を使用する

八女茶の品質を拝見窓で確かめ
品質に関して指導を行なっていた

審査

安定した光を取り入れる拝見窓

拝見窓：覆いをつけることで上部からの安定した光を取り込む

みの段々畑には高さ2m程度のRC柱に細い丸鋼がのせられ、その上に菰を覆いかぶせる。菰の覆いは日光を遮るだけでなく、茶畑の湿気を閉じ込め新芽を柔らかくするとともに、"覆い香"と呼ばれる青海苔のような香りをつけることができるという。訪れた茶畑では垂直方向にも菰を設置していた。こうした自然発生する霧と菰の覆いによって、光合成によって発生する苦味成分カテキンの生成を抑えることができるそうだ。星野村の茶摘みは女性が中心となり、親指と人さし指の間に新芽をはさんで引っ張る"しごき摘み"と呼ばれる方法で行われ、新芽だけを選んで収穫する。茶の栽培で多く目にするのは、"弧状仕立て"と呼ばれる機械でかまぼこ型に刈り揃えられた茶畑だが、星野村では茶を自然の形で成長させる"自然仕立て"で玉露をつくる。

蒸熱、冷却、揉み、乾燥

　収穫された生葉は、星野村の各農家がもつ製茶工場に運ばれる。そこで、蒸気を生葉に当て酸化酵素の働きを止める蒸熱、茶葉に熱風を当てながら揉み込み茶葉の水分を減らす揉み、を行い乾燥させて1次加工品の"荒茶"をつくる。

審査：安定した光を取り入れる拝見窓

　荒茶までの工程は各農家で行われ、その後は八女茶市場に運ばれて茶問屋が仕上げ加工を行う。今回300年ほど前から茶問屋を営む矢部屋許斐本家で茶の仕上げ工程を調査した。現在は行なっていない茶葉の審査の工程がある。許斐本家には"楷室"と呼ばれる茶の審査場が残っている。"楷"には、模範や手本という意味があり、八女茶の品質がまだ確立していなかった大正から昭和にかけて、農家や仲買人が持ってきたお茶の品質を拝見窓で確かめ、品質に関して指導を行なっていた。お茶を外国に輸出する際、色を良くするために着色したり、かさ増しのために古葉を混ぜたりするところもあった。拝見窓では、そうした葉っぱの不良を、均一な光量で審査し品質を

拝見窓の覆いは特徴的な外観をつくる

安定した拡散光で茶の審査を行なっていた拝見窓

段々の茶畑が広がる八女の風景

保証するために、ガラスの引き違い窓の外に、上から安定した光を取り込むための覆いがつき、光が乱反射しないように板は黒く塗られている。

焙煎、冷却、焙炉

茶の仕上げは味を出しやすくするため焙煎、冷却を行うが、許斐本家では幕末期からイギリス人との交易が始まり、船で輸出することが増えたため、茶を更に乾燥させる必要があり焙炉を行なってきた。焙炉とは、茶をじっくり温め揉んで乾燥させる伝統的な工程である。炭火をおこした炉の上に鉄格子を組み鉄板を載せその上に畳1枚程度の大きさの木枠に八女の手漉き和紙を何重にも貼り付けることで遠赤外線で茶を温める。助炭と呼ばれる焙炉上部の和紙を張った部分に蒸した茶を乗せて丹念に手揉みを行うのである。温められた茶は渋みが少なく甘みと旨みが増し、"ほいろ香"と呼ばれる独特な匂いをまとう。初夏の時期に行われる焙炉を手作業で行うため熱がこも

りやすく、天井の高い半屋外の部屋で空気を循環させながら行なっている。

八女の風景

八女星野村では星野川が流れる谷地が続く。昼夜の寒暖差が生まれる霧の覆いと湿気を活かした菰の覆いが斜面地の段々畑に広がり、5月上旬にしかみられないこの地域の特徴的な風景となっている。

星野村では"しずく茶"と呼ばれるお茶の入れ方で玉露を楽しむ。茶碗に入れた玉露に、低めの温度のお湯を少しだけ注ぎ、その濃縮された茶の旨みを楽しむのである。"しずく茶"からはほのかに湿ったのりの香りと苦味がギュッと凝縮された味がした。

蒸した茶を炭火でじっくり温めて乾燥させる焙炉

和紙の下には鉄板、炉がある

八女手漉き和紙が何重にも張られる

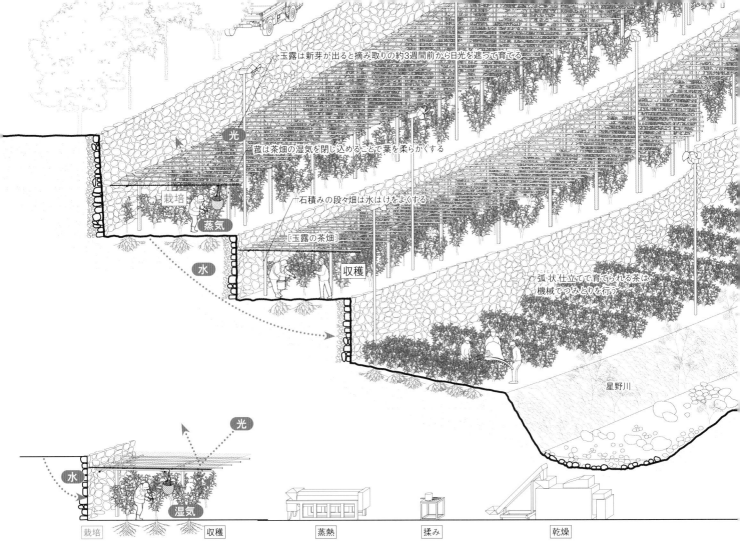

玉露は新芽が出ると摘み取りの約3週間前から日光を遮って育てる

菰は茶畑の湿気を閉じ込めることで葉を柔らかくする

栽培

光

蒸気

水

石積みの段々畑は水はけをよくする

玉露の茶畑

収穫

弧状仕立てて育てられる茶は
機械でつみとりを行う

星野川

光

水

湿気

栽培

収穫

蒸熱

揉み

乾燥

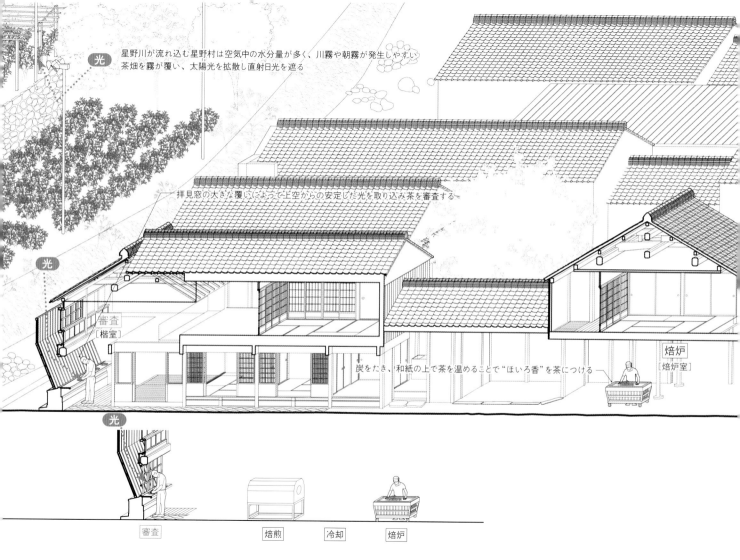

光

星野川が流れ込む星野村は空気中の水分量が多く、川霧や朝霧が発生しやすい
茶畑を霧が覆い、太陽光を拡散し直射日光を遮る

拝見窓の大きな覆いによって上空からの安定した光を取り込み茶を審査する

光

審査
[楷室]

炭をたき、和紙の上で茶を温めることで "ほいろ香" を茶につける

焙炉
[焙炉室]

光

審査　　焙煎　冷却　焙炉

玉露の茶畑

5月上旬から菰がかかる茶畑を見ることができる

星野川

星野川の谷沿いに玉露の茶畑をつくることで
霧が発生しやすく太陽の直射日光を遮蔽できる

1:4000
siteplan

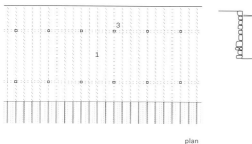

plan

section 1:200

菰の覆いの茶畑

1. 菰
2. 石積み
3. RCの柱

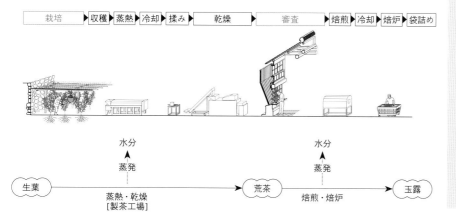

| 栽培 | ▶ | 収穫 | ▶ | 蒸熱 | ▶ | 冷却 | ▶ | 揉み | ▶ | 乾燥 | ▶ | 審査 | ▶ | 焙煎 | ▶ | 冷却 | ▶ | 焙炉 | ▶ | 袋詰め |

水分 ↑ 蒸発

水分 ↑ 蒸発

生葉 ──── 蒸熱・乾燥［製茶工場］ ──── 荒茶 ──── 焙煎・焙炉 ──── 玉露

八女茶

生 産 地	～荒茶｜福岡県八女市星野村 荒茶～｜福岡県八女市本町126
生 産 者	荒茶～｜矢部屋許斐本家
み ど き	茶摘みと焙炉がみられる5月上旬
気 温	29℃（最高）、0.1℃（最低）
降 雨 量	1,875mm（年間）
生 産 工 程	栽培、収穫、蒸熱、冷却、揉み、乾燥、（審査）、焙煎、冷却、焙炉
建 築 と 資 源	栽培｜菰の覆い 〈光・湿気〉 審査｜拝見窓 〈光〉

新芽の生葉

焙炉中の茶葉

しずく茶

星野川
菰の覆いの茶畑

©MapTailer

©OSM Contributors / OpenTopoMap

鰐塚おろしを受ける大根櫓

田野町の寒干し大根
Dried Radish in Tano Town

乾物 / 宮崎県宮崎郡田野町
Dried Food / Miyazaki Prefecture Tano Town

～鰐塚おろしを活かす大根櫓～

田野町

　宮崎県宮崎郡田野町は九州の南東部に位置しており、宮崎駅から西へ車を走らせ30分程度で到着する。田野町は鰐塚山地にＣの字に南北西を囲まれているため、見渡すと平坦な畑と民家の奥に山の連なりが見え、東側には宮崎平野と海を望むことができる。宮崎平野は黒潮の流れる日向灘に面しているため、冬季の気温は10度前後と温暖なことに加え、雨が降ることも少ない。また、田野町には冬季に鰐塚山地から海へ向かって冷たい風"鰐塚おろし"が吹き下ろすため、乾物をつくるのに適した場所である。そのため、田野町はもともと干し芋や千切り大根の産地であった。しかし、1950年ごろから大規模に大根を干すこととなり、

大根を丸干しする大根櫓を使い始めたという。今回、田野町の中で、鷺瀬、尾平、片井野の大根櫓を訪れた。

組立

　田野町では、10月下旬から大根櫓の組立がはじまる。大根櫓の架構は断面がほぼ正三角形で1辺6m程度の扠首組でつくられ、桁行の長さは50m程ある。材料は主に孟宗竹を使用するが、竹は4-5年しか使用できないため田野町で育林される飫肥杉を斜め柱の主構造に使用するものが増えてきている。直径300mm程、長さ6mの杉材を1間（1.8m）の間隔で地面に穴を掘って斜めに突き刺し、三角形に組む。孟宗竹の母屋を500mmの間隔で両側に11段

大根櫓の組立の様子

杉丸太と孟宗竹の斜め柱は土に埋めて固定する

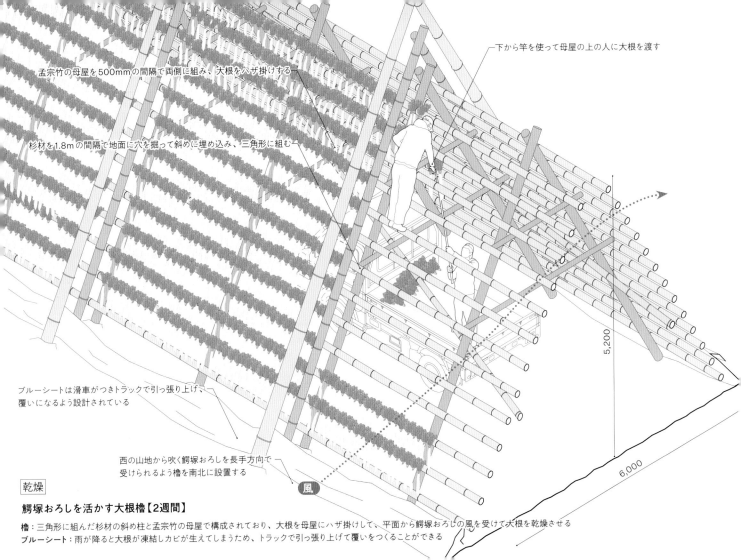

下から竿を使って母屋の上の人に大根を渡す

孟宗竹の母屋を500mmの間隔で両側に組み、大根をハザ掛けする

杉材を1.8mの間隔で地面に穴を掘って斜めに埋め込み、三角形に組む

ブルーシートは滑車がつきトラックで引っ張り上げ、
覆いになるよう設計されている

西の山地から吹く鰐塚おろしを長手方向で
受けられるよう櫓を南北に設置する

風

5,200

6,000

乾燥

鰐塚おろしを活かす大根櫓【2週間】

櫓：三角形に組んだ杉材の斜め柱と孟宗竹の母屋で構成されており、大根を母屋にハザ掛けして、平面から鰐塚おろしの風を受けて大根を乾燥させる
ブルーシート：雨が降ると大根が凍結しカビが生えてしまうため、トラックで引っ張り上げて覆いをつくることができる

ずつ組み、細めの孟宗竹の筋交いを入れていく。かんざしと呼ばれる斜め柱をつなぐ横梁を2段入れ、最後に斜め柱の横に孟宗竹を再び斜めに組んでいく。この材は扠首組より長く、神社建築に見られる千木のようだ。組立はかなりの重労働で各農家や家族そして地域の方々の協力を得ながら行なっている。

栽培、収穫

寒干し大根は白首大根という品種が使われる。一般的にスーパーなどで見る大根は青首大根と呼ばれる太く短いもので、千切り大根ではこちらを利用していたそうだが、白首大根は細く長いため、丸干しをしても乾燥しやすい。田野町の大根畑は標高130〜200mの台地で代表的な土壌は黒ぼく土という火山灰地帯に見られる黒い土である。腐食を含んだ特徴的な黒土で保水性や透水性がよく、冬場に作付けする大根の肉質を柔らかくする特徴がある。10月に種をまき、12月になると収穫を始める。収穫はひとつ

ずつ手作業で行い、その場でハサミでひげ根を切り落とし、畝に並べる。

紐付け、洗浄

収穫された大根は結束機を利用して2つの大根の葉を麻紐で束ねてトラックに山積みして移動し、大根から土を落とすために洗浄する。

乾燥：鰐塚おろしを活かす大根櫓

洗浄された大根は軽トラックに山積みにされ、そのまま大根櫓の中に入っていく。1人は母屋に足をかけ櫓の上に登り、もう1人は軽トラックの上で先端に釘を刺し2股になった竿で結束された大根を渡し、孟宗竹の母屋に端から順にハザ掛けしていく。"鰐塚おろし"は主に西から海に向かって吹き下すため、多くの面に風を受けられるよう櫓の長手方向（桁行方向）が南北を向くように配置する。こうして約2週間風を受けた大根は水分が蒸発し表面にシワが入り、色も黄色くなりうまみが凝縮するという。また

収穫された大根は畝に並べられる

収穫後トラックに山積みされて移動する

大根は外側からハザ掛けする

大根畑と大根櫓、後方に鰐塚山地のある風景

大根の乾燥には、気温や天候が大きく影響する。気温が0℃を下回ると櫓にかけた大根が凍結し、雨が降ると表面にカビが生えてしまう。そのため天候不良の際には櫓に設置されたセンサーが反応し、各農家が駆けつけて櫓の足元に畳まれているブルーシートで覆いをかける。ブルーシートにはロープと滑車が接続され、軽トラックで一気に引っ張りあげることができるそうだ。このように乾燥時期の12月から2月は24時間気を抜くことなく櫓の様子を伺う。こうして乾燥が終わると、大根を取り外し、そのまま市場で販売するか多くは加工場に運ばれ漬物になる。

田野町の風景

田野町では鰐塚山地から宮崎平野へ吹き下ろす"鰐塚おろし"を活かし、12月から2月の間に300基もの大根櫓をつくり、何10万本もの白い大根が掛けられる風景が見られる。2月をすぎると大根櫓は解体され建材は畑の横の仮設台の上で次の年まで保管される。櫓の斜め柱として使用される杉丸太は、地域内の山林より調達する。近年ではグラスファイバー製の黒い構造体の常設の大根櫓をつくることで、農家の組立と解体の労力を軽減することが試みられるが、高額であったり、常設のため夏の間畑ができないなどであまり普及は進んでいないという。また、田野町では町内放送により1日4回（10時、12時、15時、17時）時刻を知らせる音楽が流れる、10時と15時には「ななっちゃ」と呼ばれる休憩の時間をもうけ、櫓の下で輪になって自家製の沢庵やお茶を飲み談笑する風習がある。この地域ならではの農村風景である。

寒干し大根の漬物はコリっとした歯ごたえと寒風によって凝縮した旨味が口に広がった。

2人1組で内側から竿で大根を渡していく

グラスファイバー製の大根櫓

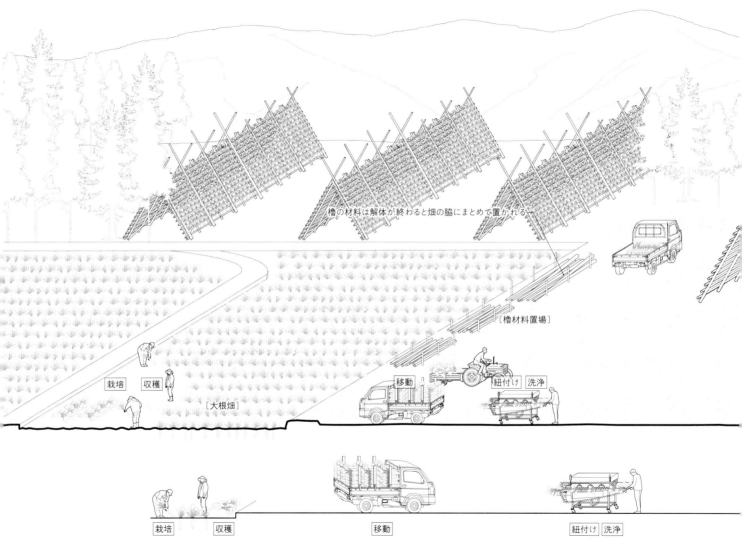

櫓の材料は解体が終わると畑の脇にまとめて置かれる

[櫓材料置場]

栽培　収穫　[大根畑]

移動　紐付け　洗浄

栽培　収穫　　　　移動　　　　紐付け　洗浄

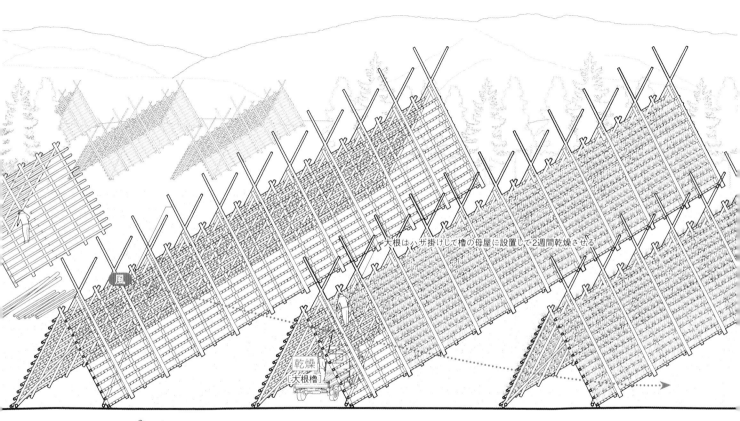

大根はハザ掛けして櫓の母屋に設置して2週間乾燥させる

風

乾燥
[大根櫓]

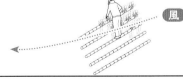

風

乾燥

大根櫓
鰐塚おろしを大きな面で受けるように南北方向に櫓をつくる

大根櫓材料置場
大根櫓を使用しない冬期以外に資材を置く場所

宮崎平野

鰐塚山地

風：鰐塚おろし
冬季に鰐塚山地から宮崎平野に向かって吹き下ろす風
鰐塚おろしを活用し寒干し大根をつくる

1:4000
siteplan

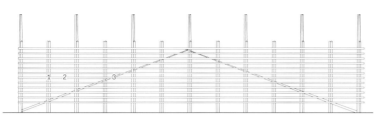

elevation

大根櫓

1. 斜め柱：杉
2. 母屋：孟宗竹
3. 筋交い：孟宗竹
4. かんざし：杉

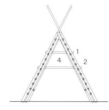

section 1:300

| 栽培 | 収穫 | 紐付け | 洗浄 | 乾燥 |

風

大根 —→ 寒干大根

水分
↑
蒸発
↓
乾燥

田野町の寒干し大根

生 産 者	宮崎県宮崎市田野町
生 産 者	田野町の大根生産者
みどき	大根の乾燥の時期12月～2月
気　温	28.8℃（最高）、4.9℃（最低）
降 雨 量	2,216mm（年間）
生　産工　程	栽培、収穫、紐付け、洗浄、乾燥
建 築 と資　源	乾燥｜鰐塚おろしを活かす大根櫓〈風〉

大根

寒干し大根

たくあん

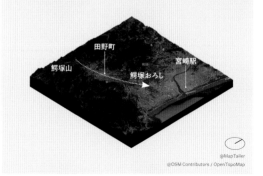

@MapTailer

@OSM Contributors / OpenTopoMap

山之村の寒干し大根
Dried Radish in Yamanomura

乾物 / 岐阜県飛騨市神岡町山之村
Dried Food / Gifu Prefecture Yamanomura

～凍みて溶かして乾かす大根干場～

山之村は岐阜県飛騨高山から車を北東に走らせ1時間半、富山県との県境にあり北アルプスの麓標高1000mの場所に位置する。山之村の寒干し大根は輪切りにした大根を凍らせ溶かし、乾かすを繰り返して大根の水分を抜いていく。過去には村中で寒干し大根がつくられていたというが、現在では村で9名の女性たちが中心となり結成した「すずしろグループ」がその生産を守り続けている。青首大根の種まきが8月から始まり、10月から11月にかけて収穫した後土中に埋める。土の下は雪の温度が一定で凍らず長期保存することができる。12月下旬に大根を掘り出して水洗いし、厚さ1.5～2cm程度の輪切りにして大鍋で茹でる。その後1串15個程度にまとめて刺し、1畳の大きさに組んだ木枠に20串を束ねて、軒下または大根干場で乾燥させる。乾燥には、「凍み、太陽、風」が重要と言われている。夜間にはマイナス20℃まで気温が下がるため大根は凍り、昼間は太陽の熱で氷が溶けて風に晒されて乾燥される。山之村の民家は共通して軒が深く、2階に足場が張り出している。大根の木枠を軒桁の裏側と足場に引っ掛けることで乾燥させる。専用の干場は一本足の柱から斜めに梁を出し桁で繋いだ上に斜めの屋根を乗せている。

山之村特有の雪深さと、凍てつく気温を活かした深い軒や専用の屋根の干場にかかる輪切り大根は、冬場にしか見られない風景である。

寒干大根は何度も旨味が凝縮されているようで、煮物にするととても甘い。

輪切りした大根を茹でる

木枠に串刺した大根をかけていく

深い軒先に干される大根

凍てつく風を受ける大根干場

太陽の光を反射し、熱を蓄える石積みのみかん畑

下津の蔵出しみかん
Mandarin in Shimotsu Town

〜光を反射し蓄熱する石積みの段々畑・風通しを良くする窓のある熟成小屋〜

下津町

　和歌山県海南市下津町は、大阪から車で1時間ほど、大阪平野と和歌山平野を抜け紀伊山地を少し登った場所にある。下津町には橘本神社と呼ばれる神社があり、約1900年ほど前、垂仁天皇の命を受けた田道間守が中国からみかんの祖となる"橘"を持ち帰ったと言い伝えられている。そのため下津町は日本のみかんの発祥地と言われている。

　蔵出しみかんとは12月にみかんを収穫し、2〜4ヶ月間蔵の中で熟成させて時期をずらして出荷をするみかんである。下津町で蔵出しみかんを盛んにつくり始めたのは1930年ごろ。和歌山県では他にみかんの名産地として有田みかんがあるが、有田みかんは南向きの山地で温暖な気候であるため甘いみかんが収穫できる一方、下津は北向き山地が多く標高が高いため収穫時期になっても少し酸味が残っている。そのため"追熟"という収穫後に熟成する工程をとることで甘さをまして出荷を行なっている。またみかんの品種も有田みかんが"早生みかん"という収穫時期が早くじょうのう膜（みかんのオレンジの実を包む薄皮部分）が薄いのに対して、下津みかんは"晩生みかん"という収穫時期が遅く膜が厚く追熟に向いているみかんを使用する。今回、下津町橘本を訪れた。

みかんの収穫

下津町で取れる石でつくられた石積み

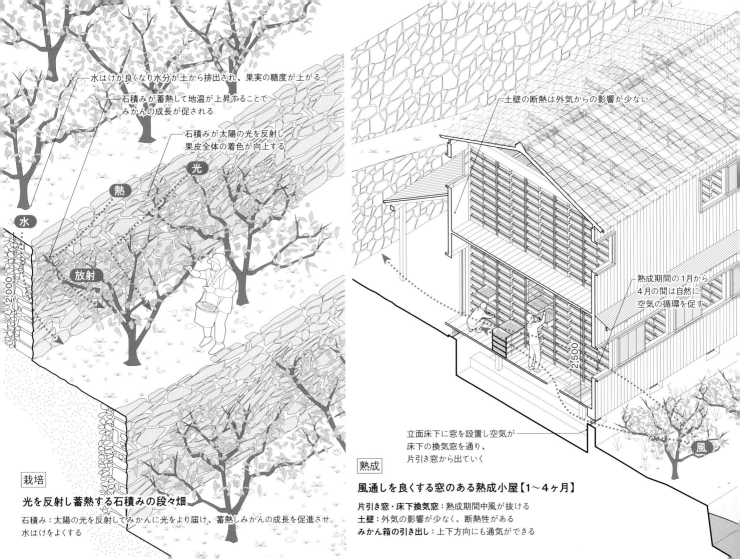

水はけが良くなり水分が土から排出され、果実の糖度が上がる

石積みが蓄熱して地温が上昇することで
みかんの成長が促される

石積みが太陽の光を反射し
果皮全体の着色が向上する

光

熱

水

放射

2,000

土壁の断熱は外気からの影響が少ない

熟成期間の1月から
4月の間は自然に
空気の循環を促す

2,500

立面床下に窓を設置し空気が
床下の換気窓を通り、
片引き窓から出ていく

風

栽培

光を反射し蓄熱する石積みの段々畑

石積み：太陽の光を反射してみかんに光をより届け、蓄熱しみかんの成長を促進させ
水はけをよくする

熟成

風通しを良くする窓のある熟成小屋【1〜4ヶ月】

片引き窓・床下換気窓：熟成期間中風が抜ける
土壁：外気の影響が少なく、断熱性がある
みかん箱の引き出し：上下方向にも通気ができる

栽培、収穫：光を反射し蓄熱する石積みの段々畑

　下津町橘本は鉢伏山という標高200mの急峻な斜面地のため石積みの段々畑をつくることで、みかんの木が植えられている。この地域で"石積み階段園"と呼ばれ、古くは400年前の江戸時代に開墾されたと言われている。変成岩地帯の下津町の石を使用して、段々畑をつくることでみかんの木への日当たりが良くなり、石積みが蓄熱し地温が上昇して成長が促進される。また石積みが太陽を反射することにより果皮全体の着色も向上するという。また水はけが良くなり過剰な水分が排出されることで果実の糖度が上がるそうだ。また、下津町は和歌山湾に面しており、黒潮による温暖な気候や潮風による塩分とミネラルが海から運ばれてくる。

　こうして育ったみかんは12月に収穫を行う。収穫ハサミで1つ1つ肩から下げた収穫かごに入れていく。みかんは、斜面地を這うように設置された角パイプの上を走る小型のみかんモノレールに乗せられ、斜面地下まで移動される。

熟成：風通しを良くする窓のある熟成小屋

　収穫されたみかんは各農家の畑にある熟成小屋、もしくは斜面下にある集落と同じ並びにある少し大きな熟成小屋に運ばれる。みかんの熟成には、気温変化が少なく温度が低いこと、風通しがよいこと、排水性がよいことが重要であるという。畑近くにある熟成小屋は短辺2間（3.6m）、長辺3間（5.4m）の小規模なもので、木造切妻屋根の2階建ての小屋である。壁は真壁で柱梁の間は土壁でつくられている。1954年10月号発刊の『和歌山の園芸_貯蔵特集号』には、コンクリート、レンガ、石積みは雨季には湿りやすく乾季には乾燥しすぎるため貯蔵庫としては不適当であり、板壁では湿度の変化が大き過ぎると記載があり、試行錯誤の結果、みかん熟成庫に土壁を採用したことがわかる。このように下津町のみかん熟成小屋は土壁で、そして各農家の土を

みかん畑にある熟成小屋

大きなみかん熟成小屋の外観

引出し式みかん熟成法

熟成小屋とともにある下津の石積みかん畑

利用してつくられているそうだ。収穫された
みかんは1階に運ばれ、木箱に入れられ隙
間ができるように少し斜めに振りながら重ね
ていくことで湿気がこもらないようにする。

　斜面下にあるみかん熟成小屋は2階建の
木造で同じく土壁のつくりだが、前者と大き
く違ったのはみかんを入れる箱が引出し式
でり、窓が設置されていることである。1、
2階の熟成室には、棚柱を立ててみかん箱
の引出しをつくっている。またコンクリート
での基礎で床を持ち上げ、基礎と建物の
間にあけた小さな窓から空気を取り入れる
ことで、空気が床下の換気窓を抜けて片引
き窓から外部へ出ていく。このように熟成
期間の1月から4月の間は床下換気窓と片引
き窓を開けておき自然に空気の循環を促す
そうだ。冬から春へにも温度上昇を少なく
し、みかんを一定の温度で熟成していくの
である。

下津町の風景

　下津町では11月下旬に、太陽の光と熱

を活かす石積みの段々畑と風を活かす熟成
小屋の中にオレンジ色の果実が色付く風景
が見られる。江戸時代から続くこの石積み
風景は斜面全体の土壌の排水性をよくする
ことで斜面地崩壊を防ぐことにもつながってい
る。みかん熟成小屋は近代に建てられた大
規模なものでも換気を改善するべく片引き窓
や床下換気窓を設置するなど自然を利用す
る方法を機械換気に頼らずに行なっている。

　変わらない石積みとみかん小屋の更新に
より、下津町のみかん生産による風景は少
しずつ更新されていく。

　ゆっくりと熟成されたみかんは酸味がお
さえられ、柔らかな甘みに口の中がつつま
れた。

みかん熟成小屋の窓

床下には換気窓がある

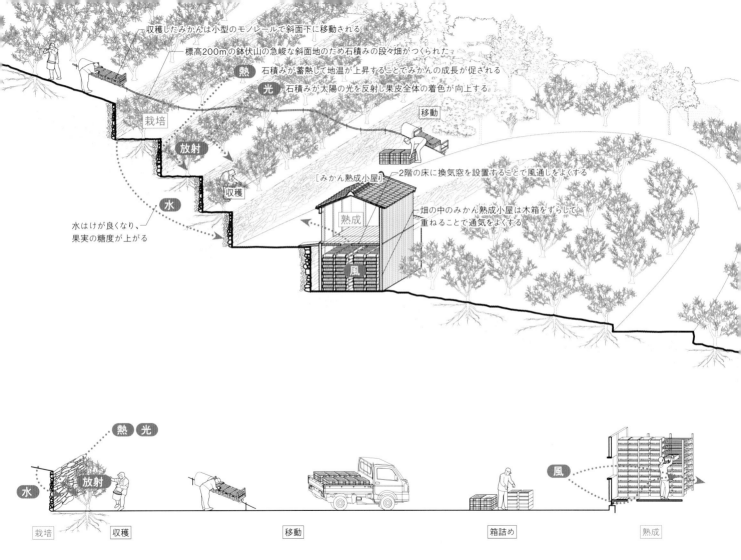

収穫したみかんは小型のモノレールで斜面下に移動される

標高200mの鉢伏山の急峻な斜面地のため石積みの段々畑がつくられた

熱 石積みが蓄熱して地温が上昇することでみかんの成長が促される

光 石積みが太陽の光を反射し果皮全体の着色が向上する

移動

栽培

放射

収穫

[みかん熟成小屋] 2階の床に換気窓を設置することで風通しをよくする

水 水はけが良くなり、果実の糖度が上がる

熟成

畑の中のみかん熟成小屋は木箱をずらして重ねることで通気をよくする

風

熱 光

水 放射

栽培　収穫　　　移動　　　箱詰め　　熟成

風

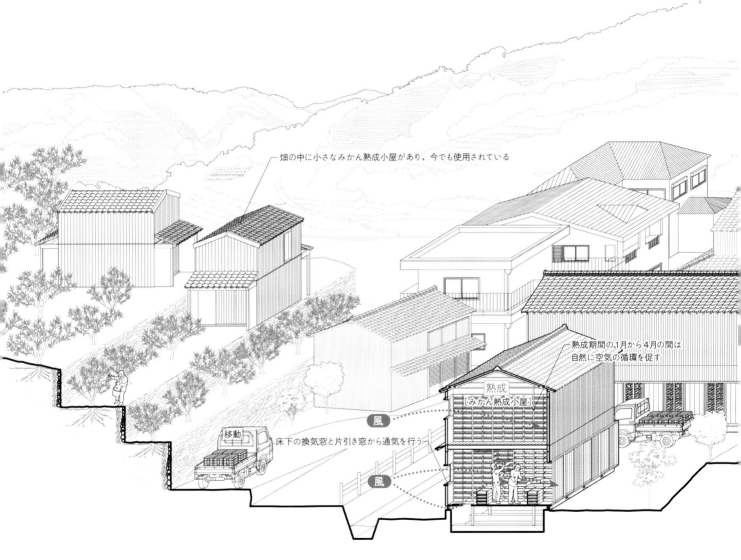

畑の中に小さなみかん熟成小屋があり、今でも使用されている

熟成期間の1月から4月の間は
自然に空気の循環を促す

熟成
[みかん熟成小屋]

風

風

移動

床下の換気窓と片引き窓から通気を行う

石積みの段々畑
谷の斜面に沿ってみかん畑が
広がっている

橘本神社
垂仁天皇の命を受けて中国からみかんの祖となる
"橘"を持ち帰った田道間守が祀られている

みかん熟成小屋
小さなみかん熟成小屋はみかん
畑の近くに建てられ収穫後すぐ
に小屋の中に入れられる
みかん畑の中に点在しているの
はみかん熟成小屋である

大きなみかん熟成小屋
大きなみかん熟成小屋は谷地の街道沿いに建てられる

1:4000
siteplan

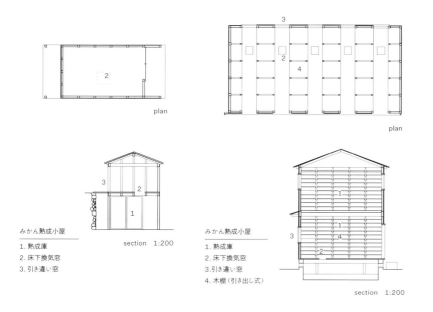

plan

plan

```
みかん熟成小屋

1. 熟成庫
2. 床下換気窓
3. 引き違い窓
```

section 1:200

```
みかん熟成小屋

1. 熟成庫
2. 床下換気窓
3. 引き違い窓
4. 木棚（引き出し式）
```

section 1:200

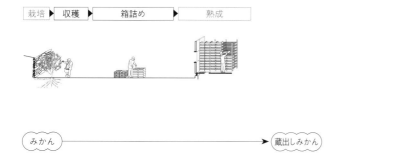

| 栽培 | ▶ | 収穫 | 箱詰め | ▶ | 熟成 |

みかん ⟶ 蔵出しみかん

生産地	和歌山県海南市下津町橘本779
生産者	下津町の蔵出しみかん生産者の方
みどき	収穫時期の11月下旬
気温	29.1℃（最高）、2.8℃（最低）
降雨量	1,713mm（年間）
生産工程	栽培、収穫、箱詰め、熟成
建築と資源	栽培｜光を反射し熱を蓄熱する石積みの段々畑〈熱・光・風・水〉 熟成｜風通しを良くする窓のあるみかん熟成小屋〈風〉

みかん

蔵出しみかん

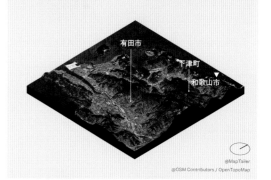

@MapTailer

@OSM Contributors / OpenTopoMap

カネサ鰹節商店
Kanesa Katsuobushi shoten

鰹節・潮鰹 / 静岡県賀茂郡西伊豆町
Dried Bonito・Salted Bonito
/ Shizuoka Prefecture Nishiizu Town

〜手火山式焙乾法・寒風を活用する櫓〜

　三島駅から南に伊豆半島の西側駿河湾沿いに車を走らせて1時間半、西伊豆町田子にあるカネサ鰹節商店に到着する。鰹節には、本枯れ節と荒節があるが、荒節が焙乾までの工程で終わる一方、本枯れ節はさらに鰹節菌というカビつけ工程を加えたものである。本枯れ節の工程は、生切り、煮熟、骨抜き、焙乾、修繕、カビ付け、天日干しで進められる。焙乾は「手火山式焙乾法」と呼ばれる方法で行う。2m程度の竪穴を床に掘り、その上にRCで竪穴を延長した形状を作り、木棚に鰹をのせる。竪穴の下には地元で伐採したナラ・クヌギ・桜などの薪に火をつけて燻して乾燥させる。焙乾の際に出た煙は越屋根から排出される。この2時間の焙乾を10回程度（約1ヶ月）繰り返し荒節が完成する。その後、カビ付け室

に移動し木桶の中で湿度を高くしながら鰹節菌をつけていく。カビが生えることで水分が鰹節内部から抜けていくのである。その後、外に取り出し藁の上に1つずつ並べて天日干しして殺菌する。カビ付けと天日干しを6回繰り返し、水分の抜けたカチコチの本枯れ節が完成するのである。

　また、カネサ鰹節商店では1300年以上前の鰹の保存方法を元に潮鰹を生産している。鰹の内臓を取り除き、塩詰めを行い、孟宗竹でできた三角櫓に吊るし、西の駿河湾から吹く寒風に3週間ほど晒すことで、乾燥させる。潮鰹は藁飾りを付けて正月に縁起物として飾られる。今では西伊豆で3軒しか生産が行われていない。

木桶の中でカビを付ける

天日干しをしてカビを取る（© カネサ鰹節商店）

寒風で潮鰹を乾燥させるための櫓（© カネサ鰹節商店）

手火山式焙乾法で鰹を燻して乾燥させる

塚本由晴（建築家）× 正田智樹

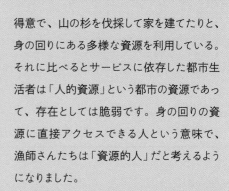

なぜ建築家が農に関わるのか

正田 塚本研究室で『スローフード生産にみられる資源の活用のための建築』と題した修士論文を書いてから6年経ちました。その間日本の事例を調査しながら生産者の方々や調理人と会話すると、改めて私たちの暮らしが巨大なフードシステムに囲われていることに気づきます。私たちが生産性・効率性を求めてつくりあげてきた建築を見直し、この本で扱う自然を活かした建築と、それを起点とした人々の営みや風景を取り戻せないか、それは建築家が考えるべき問題だと感じています。

塚本先生が里山で農業や茅葺屋根の葺替えなどの実践をされながら、建築と農の関係をどう見られているのかなと、気になっていました。

塚本 まず私は都市生活者なんです。エネルギーも食物もサービスに依存していて、お金を払わないと手に入れられない。だから仕事をするし、よい収入を得るために自分がよい「人的資源」であろうとする。隣に居る人はライバルになり、生産性や効率で競うことになる。だったらそこから離れて、自分で食やエネルギーを獲れないかと考え始めたんです。

きっかけは3.11後の復興支援に行った先で、家も何も流されてしまった漁師さんたちに会った時でした。彼らは食べ物は海から獲ってくるし、田んぼがあるし山菜取りも得意で、山の杉を伐採して家を建てたりと、身の回りにある多様な資源を利用している。それに比べるとサービスに依存した都市生活者は「人的資源」という都市の資源であって、存在としては脆弱です。身の回りの資源に直接アクセスできる人という意味で、漁師さんたちは「資源的人」だと考えるようになりました。

その後、縁あって千葉県鴨川市の釜沼という棚田が美しい集落で、林良樹さんと出会い、彼の暮らしや彼が続けてきた都市農村交流に参加してきました。棚田オーナーとして米づくりを始めた2019年の秋、収穫の直後に大型台風15号が房総半島を直撃し、都市農村交流の拠点になっていた古

民家ゆうぎづかの屋根のトタンが飛んで、下から茅葺が出てきました。これがすごく良くて、林さんと「茅葺に戻そう、茅場も再生しよう」ということになった。そこから学生たちを毎週末連れて行く里山再生活動が始まりました。フィールドで実践し考えることが、建築を含めこれからの暮らしを変えると確信しています。例えば、都市では経済が分母で、衣食住も文化も分子です。そこに疑う余地はないと思ってきたけど、釜沼など南房総に移住した人の話を聞いていると、それは都市における資本主義と民主主義のカップリングの帰結であって、分母を農にすることもありではないかと思い始めました。

正田　食べ物や建材、衣服をつくる材料は、自然を人の暮らしのために調整、加工した物です。先生は暮らしと自然の媒介、そのつなぎ方をデザインすることを農と捉えられているのだと感じました。

塚本　例えば茅葺き屋根は、建設業的に瓦か板金かシングルかといった選択肢に並べるべきものではなく、農の連関の中に位置づいているものです。25世帯ぐらいで構成される結という組織が、金と材料と手を出し合って、毎年一軒ずつ屋根を直すので、25年に一度しか自分の家の番は来ない。屋根に葺く茅（ススキ、ヨシなど）は共有地の茅場で育て、毎年刈り取り、野焼きをしました。茅を結ぶための藁縄も各世帯で作って持ちよりました。農家の作りも大きさもだいたい同じ（5間×9間）で、それが茅場の広さ（2ha）を決めます。葺き替えで出た古茅は農地に撒いて肥料にしました。建築、社会関係、茅場面積、茅の寿命まで、絶妙のバランスで成り立っていた連関が、若手が都市に流出することで崩れ、里山の風景にも影響が及んでいます。

正田　あるべき農の連関の全体を捉え、崩れた均衡を補修しデザインし直すことも、これからの建築家の役割だということですね。

不変の工程という拠り所

正田　一方で、伝統食を守る生産者さんのお話を聞くと手仕事による生産と機械生産の間で常に揺れ動いています。茅葺をやめることで里山の均衡が崩れてしまうように、食の生産も産業社会的連関の波に飲まれてしまうと工場が立ち並んでしまう。『建築家なしの建築』を読み直すと、"風土的（ヴァナキュラー）な建築は流行の変化に関わりがない。それは完全に目的にかなっているのでほとんど不変であり、まったく改善の余地がないのである。"とルドフスキーが書いています。しかし、不変のもの、可変のものを見極める必要を感じます。

例えばワインの工程は昔から栽培、収穫、圧搾、発酵と不変のため、生産の場所や建築の規模が変わっても、工程に対する資源の活かし方は維持できます。カレマ村では熱を蓄える石柱を維持するのが大変なのでプレキャストコンクリートの柱にすることで太陽熱との関係を維持していく。四郷の柿屋も大規模生産に合わせて鉄骨でスケルトンを建てるけれど風を全面に受ける関係は維持する。資源との関わりは維持しな

がら生産量や関係人口の変化、老朽化に合わせて建築の関わり方を上手に調整している。

塚本 ものづくりには昔から今まで変わらない工程があり、私はこれを「不変の工程」と呼んでいます。ものの摂理として「この順番は変えられない」というわけです。正田さんが描く食生産の図も不変の工程をなぞっている。暮らしの中にも、毎日の家事から葬式に至るまで、至る所に不変の工程があります。人間はむしろ積極的に、そうした工程に従うことで、ふるまいを整えてきました。

　私は時間と予算で建築をがんじがらめにする現代社会において、建築の価値は本当に解体され切っていると感じています。このまま20世紀に建築の議論を牽引した「空間」概念に頼って良いのだろうか？　と。空間が建築の議論に登場し始めるのは産業革命の後のヨーロッパです。人間はこれまでにない高い生産力を手に入れ、自分たちが属していた地域的な事物の連関から自分たちを解放しました。そこでは空間という概念が抽象という方法と結びつき、物事の組み合わせに自由が持ち込まれ、拡大成長を牽引したのではないか？　問題は空間がその先の繋ぎこみについて説明する言語ではないことです。その果てが、地球環境への過大な負荷であり、南北格差であった。その過程で街をつくる工程も変えられてしまいました。道が交差し、人が集まり、市がたち、定住者が増え、家を建て、まちができるということが、ずっと不変の工程だったはずが、20世紀の住宅不足の時代に「先につくっても人が来る」経験を経て、住居を提供する産業が出来上がり、さらに投資の対象になって、マーケティングがマンションを建てさせるところまできた。産業や資本の仕組みでまちづくりの不変の工程が変わってしまったんですね。

適在性・適所性、隣接性

塚本 解体された建築の価値をどう立て直すか？　そこで私が空間に対峙させているのが、事物の連関です。それが、ものづくりや暮らしの中に「不変の工程」や「適在性・適所性」、そして「隣接性」として埋め込まれている。

正田 資源の適在適所という意味ですか？

塚本 もっと単純で、「物に含まれている性質」そのもののことです。例えばみんなでご飯を食べると器が机の上に食べ残しも含めて並ぶ。それを片付けなきゃいけないよね。洗って棚に収めないともう一度使えないから。つまり器が机の上に並び、片付けられ、洗って棚におさまるのは、器を器にするために、そこに埋め込まれたメッセージを人が読み取り、それに沿ってふるまうからです。

　事物連関はハイデガーの「住むこと、建てること、考えること（Dwelling, Building, Thinking）」の四方域や、「存在と時間」の道具連関にもつながっていきます。1951年、ダルムシュタットで開かれた建築会議では、建築家たちが標準化を通して、効率よく住宅を提供する議論を展開しているときに、彼は建てることの存在論的意味を指摘

しました。今、里山再生を実践しながらその話を読むと、多様な道具や農具とフィールドが農の連関の中に私たちを繋ぎこんでくれることがとても沁みます。

　正田さんのバレーセクションは必ずしも正確な寸法でなくても、事物の隣接性は間違ってないですよね。建築の図面は幾何学と寸法で統合された完成像を示していますが、その中では適在性・適所性、隣接性、不変の工程が排除されることになるのも空間型の想像力を補強しています。

正田　事物の連関を再びつなげなおすためには、まずバレーセクションを描き、その場所にある物や建物が何と結びついていて、結びつくことができるのかを考えなければいけないですね。

リズム（反復の方法と季節性）

正田　"リズム"という言葉が気になっています。それは先ほどおっしゃった適在性を持った建築がどのように反復するのかという配置の問題、そして季節の変化など時間

の問題両方を捉えられる言葉であると考えているからです。食の生産はそれぞれの地域固有の自然のリズムの中で、実った果実や稲穂を収穫し、加工し熟成させていく。人々の関わり方もそのリズムの中で変化するし、使用する道具も変わっていく。一方、機械生産に頼ることはその自然のリズムと切り離し、ベルトコンベアやモーターのリズムにのせる。このリズムという切り口から、農村や都市の風景の維持更新を考えられないかなと思うんです。

塚本　私も暮らしのリズムには以前から関心があります。建築は小さな要素の組み合わせや反復で作られます。その反復のリズムに色々なふるまいを重ねていくと、同時多発的にいろんな振る舞いがあってもカオスにならない。フードスケープの事例を見ていて素晴らしいなと思うのは、柿、大根、ワイン樽など、同じものの反復です。あれが食品加工の中にある建築ですね

　あと、農業は季節ごとの関わり方がありますね。収穫や栽培などは農家の方以外

が参画できる関わり代が広いです。

正田　"生命の自然のリズム"を建築のデザインに取り入れることは必要だなと感じています。お話を伺って、これから食と建築の設計と研究を進める上でまずは暮らしの中にある食の連関全体を捉えること、そして不変の工程、適在性・適所性、自然のリズムを拠り所に考えていきたいと思います。

2023年6月6日東京都内にて収録

塚本由晴（つかもと　よしはる）

アトリエ・ワン／東京工業大学大学院教授、博士（工学）。一般社団法人小さな地球代表理事。1965年神奈川生まれ。1994年東京工業大学大学院博士課程単位取得退学。貝島桃代と1992年にアトリエ・ワンの活動を始め、建築、公共空間、家具の設計、フィールドサーベイ、教育、美術展への出展、展覧会キュレーション、執筆など幅広い活動を展開。ふるまい学を提唱して、建築デザインのエコロジカルな転回を推進し、建築を産業の側から人々や地域に引き戻そうとしている。近年の作品に、ハハ・ハウス、尾道駅、恋する豚研究所、みやしたこうえん、BMW Guggenheim Lab、Canal Swimmer's Clubなど。主な著書に『メイド・イン・トーキョー』『ペットアーキテクチャー・ガイドブック』『図解アトリエ・ワン』『Behaviorology』『WindowScape』『コモナリティーズ ふるまいの生産』など。

エコロジカル治具の拡がり

本書では、酒や調味料、乾物、果物など様々な種類の食の生産とそこに関わる建築を紹介してきた。生産地域はイタリアと日本でそれぞれ離れた土地であり、食文化も異なるが、そこには場所や食の種類を超えて共通する工程があった。例えば乾燥はイタリアの貴腐ワインの生産にも、日本の串柿の生産にも必要な工程である。しかし、そこに関わるエコロジカル治具をみると前者が屋内で窓から風を取り入れる室である一方、後者は屋外で風を全面に受ける架構物である。また、発酵・熟成の工程をみると窓を介して外気を取り入れる大きな室はイタリアと日本でも同じような事例がある。このように、共通した工程を通してエコロジカル治具の類似性や差異をみることで、建築の資源の活用の拡がりを捉える。

栽培

栽培は、野菜や果物、米など作物を成長させ実りを得るための工程である。光、水、風を活かし、段々畑で土壌を支えて水はけをよくし、垣根仕立てやパーゴラで作物を一定の高さや方向に固定することで風通しや日当たりをよくして作物の成長を促す。興味深いのは、カレマ村は石柱のパーゴラや石積みの段々畑で蓄熱し、八女茶は菰で覆いをつくり湿気を増幅し、下津のみかんは石積みで光を反射させるなど、蓄熱性や吸湿性、反射性など素材の物性と自然の関係を食の生産に活かしていることである。

アマルフィのレモン　カレマ村のワイン　八女茶　下津の蔵出しみかん

乾燥

野菜や果物、肉から水分を蒸発させ、乾かす工程である。海、山、川などの地理的条件がうみだす季節風やからっ風を活かすため、干場の配置や向き、そして窓の位置や開き方で、乾燥を促す。大根櫓や柿の干場は短期的に吹く風を最大限活かすため、屋外の仮設物や、壁がないもしくは開口部が多いものである。風景として食の色づきが楽しめる。一方で、長期間乾燥する必要があるニンニクや貴腐ワイン、生ハムなどは室の中に食を吊るす、または通気の良い木棚の上に置き、天候の変化の中で人が日々関わりながら窓やガラリの開閉の調整を行なっている。

田野町の寒干し大根　四郷の串柿　ヴェッサーリコ村のニンニク　トレンティーノの貴腐ワイン

発酵・熟成

　酵母や細菌などの微生物がエネルギーを得るために有機化合物を分解し、アルコール類・有機酸類などを生成し、静置して味をならす工程である。熱、冷気、湿気を活かしながら温湿度を調整し、微生物の働きを促す。その方法は大きく二つに分かれ、カレマ村のワインは地下の冷気と湿気を活かし安定した環境で発酵・熟成を進める。一方で、クラテッロやバルサミコ酢、小豆島の醤油、石井味噌は窓を介し、湿気や風、熱を室の中に取り込み発酵・熟成を進める。後者は、内倒し窓や引き違い窓で、天候や発酵段階によって開閉の調整を行なっている。また、アルコール発酵をともなう食は酸素が必要なため、醤油や味噌、バルサミコ酢では大きな気積を持つ小屋組が組まれている。醤油やクラテッロの生産では微生物を室の中に住まわせるため、土壁やタイルなど多孔質な素材を室の内装に使用している。こうした発酵・熟成室にみられる窓や室の大きさ、素材の使われ方は、微生物に対する配慮があらわれる。

カレマ村のワイン

モデナの
バルサミコ酢

ジベッロ村の
クラテッロ

小豆島の醤油

天日

　海水から水分を蒸発させて塩を結晶化させる工程である。太陽熱と海風を活かすため、夏はほとんど雨の降らないトラパニでは塩田に海水をため、一方で日本のように高湿多雨の地域では、ビニールやガラスのハウスで雨を防ぎながら太陽熱で温まった空気を逃さない温室をつくり、海水の蒸発を促している。

トラパニの塩

豊島の天日塩

濃縮

　海水から鹹水をつくる工程である。太陽熱と海風を最大限活かすため、風通しがよい南向きの海岸沿いに櫓をつくり、海水を循環させ、表面積を増やすネットをジグザグに張る。流下式塩田と呼ばれ、もともとは竹の小枝を使用している。

豊島の天日塩

海の精

枝条架の流下式塩田

自然と機械によるハイブリッド生産

　食の生産工程では、人の手や道具、機械、建築、地形、地質など様々な要素が関係する。古くから続く製法では道具や建築によって自然を活かした生産が行われるが、技術の発達とともに電力を使用したモーターや空調などの機械が導入される。機械を使用することは作業効率を上げ、安定的な温熱環境をつくることができるため、関わる人の数や天候に大きく影響されず、食の工程を確実に進めることができる。

　本書で紹介した食は、必ずしも全ての工程がエコロジカル治具や道具といった手仕事を中心に進められるわけではない。圧搾や発酵のように機械の中に材料を入れて変化を促すものもある。そうした自然と機械によるハイブリッド生産にも美しい食がつくる風景をみる

ことができる。では、どのように自然と機械を適切にハイブリッドすることで風景を維持できたのだろうか。ここでは本書で紹介したワイン、酢、生ハム、チーズ、乾物、醤油、日本酒、塩の代表的な工程を描き、エコロジカル治具がみられる工程に着目する。それらの工程を起点にすることで、食の生産へと建築が関わるきっかけを開けるはずである。

　ワインやバルサミコ酢では、栽培と発酵・熟成で自然を活かし、斜面地で光、風、水を活かすパーゴラや垣根仕立てと、冷気と湿気を活用する半地下の室や窓のある室が風景をつくる。圧搾や発酵では機械を用い、搾る力を一定にし、発酵では温湿度管理を均一

ワイン

栽培　▶　圧搾　▶　発酵　▶　発酵・熟成

バルサミコ酢

栽培　▶　圧搾　▶　発酵　▶　発酵・熟成

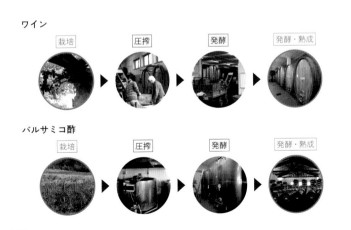

チーズ

飼育　▶　搾乳　▶　成型　▶　発酵・熟成

生ハム

飼育　▶　解体　▶　乾燥　▶　発酵・熟成

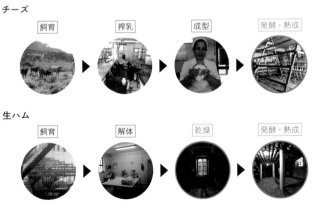

飼育画像出典：©Bré Del Gallo

にすることで確実に酵母菌によるアルコール発酵を進める。

　生ハムやチーズは、発酵・熟成で自然を活かし、室に外部の冷気や湿気を取り込み、室と地形の関係が風景をつくる。また、豚や牛など飼育と地形の関係も重要である。

　乾物は、乾燥で風を活かし、地域の風の吹き方や乾燥期間によってエコロジカル治具が大きく異なる。乾燥期間が短いものは、軒下や仮設物の屋根下に吊るすものが多く、果物や野菜が干されて色づく風景が特徴である。一方、乾燥期間が長いものは、窓を介して風を取り入れるものが多く、地形と風向きや窓の配置や工夫が特徴である。

　醤油は、発酵・熟成で自然を活かし、窓を介して風を取り入れ、

木桶を入れる大きな気積をつくる室が地形や海との関係の中で風景をつくる。小麦や大豆の製麹は、過去には換気窓のつく建築があったが、温湿度の微細な調整が必要でかびが生えやすいため機械で行われることが多い。

　日本酒は、製麹のため換気筒がついた麹室、放冷のための仕込み室に自然を活かし、それぞれ湿度や温度を調整するための窓と仕込み桶を入れる大きな気積の室が特徴である。

　塩は、太陽光や海風を用いた、濃縮のための流下式塩田や、天日のための塩田や結晶ハウスが特徴である。トラパニでは集水や粉砕を風車を用いて行なっていたこともあるが、現在はポンプや粉砕機を用いている。

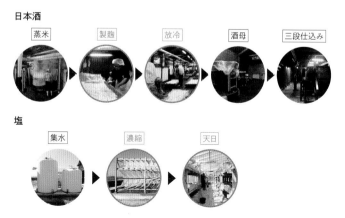

乾物

栽培 ▶ 結束 ▶ 乾燥

醤油

製麹 ▶ 発酵・熟成 ▶ 圧搾

日本酒

蒸米 ▶ 製麹 ▶ 放冷 ▶ 酒母 ▶ 三段仕込み

塩

集水 ▶ 濃縮 ▶ 天日

おわりに

食がつくる建築と風景はなぜこんなにも美しいのだろうか。自然の中に人の営みが関わることでつくられる農地や田畑、構築物は長い時間をかけて、その場所に適した形がつくられていく。そうして世代を超えて維持・更新が繰り返された風景に私達は尊さや美しさを感じるのではないだろうか。

一方で、機械生産を中心とした食品工場では、人工的に材料の変化を促す環境を構築し、周囲からは閉じられたブラックボックスをつくってしまう。安定的な食の供給の観点から考えるとそうした施設が増えていくのは仕方なく感じられる一方、そこに立ち現れる建築にはやはり違和感を感じる。なぜ食がつくる風景は失われてしまったのだろうか。今までの食の生産を見直し、人々や建築が自然の中で風景を取り戻すための方法論が必要である。

そこで着目したのが、食の生産における光、熱、風といった地域固有の資源を活かす建築（エコロジカル治具）である。エコロジカル治具が気候風土や食文化に結びつくということはその地域を特徴付ける光、熱、雨、風、冷気、湿気、土、地形を食生産へ活かすための試行錯誤が建築の形へと結実したということである。そうした建築の知恵が地域に共有され、反復してつくられる風景は地域固有のものなのである。資源と建築の関係を観察することで、これからの食がつくる建築と風景のあり方を考えることが本書の試みである。

ここでは、その方法論として①フードスケープの維持、②フードスケープの更新、③ブラックボックスを開くを提案したい。

図1：自然のリズムとともにある食の生産

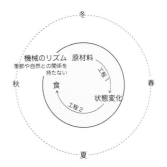

図2：機械のリズムとともにある食の生産

食の生産は材料の変化の連続である。工程では、材料が変化するために必要な時間や必要な資源を獲得できる時期が異なる。例えば、葡萄の蔦が伸び葉が生い茂り、果実が実りはじめる夏、収穫する秋、熟成を始める冬、そして季節を超えてワインが出来上がる。こうした季節ごとに変化する光、熱、風などの自然の物質循環のリズムを"自然のリズム"と呼ぶ（図1）。一方で、機械生産はモーターなどのピストン運動に規定され、人工的な温湿度管理を行うことができる"機械のリズム"であると言えるだろう。機械生産は自然のリズムと切り離すことで、いつでもどこでも同じものを大量に生産することができる。安定した供給を行うことができるが、自然のリズムとの関係を断ち切ることになるためブラックボックス化した建物をつくることになる。（図2）。

①フードスケープの維持（図3）

本書の多くは古くから続く伝統的な製法を維持してきたものである。ここで重要なのは何を維持するかである。前頁にあるように食の生産は全て手仕事や自然との関わりの中で行われるわけではなく、機械や技術を必要な工程にハイブリッドして生産を組み立てている。栽培、乾燥、発酵・熟成といった自然との関わりによって地域特有の食をつくることができる重要な工程には手間をかけ、食の品質や管理、効率が必要な工程には機械を導入するのである。そうした自然と機械をハイブリッドした生産の見定めがエコロジカル治具や風景を維持することにつながるだろう。

また、制度による維持も重要である。特にイタリアではスローフード運動や地理的原産名称といった認証制度によって、多くの伝統食

①フードスケープの維持

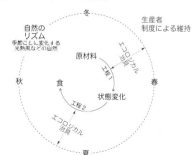

図3：フードスケープの維持

小豆島の醤油

アマルフィのレモン

の製法は保護されている。そのほかの例として、観光と生産を維持するための制度づくりがある。アマルフィでは多くのレモン畑が別荘地の敷地の中にある。そうしたレモンのパーゴラを今でも活かせるのは、組合をつくり生産者が庭に出入りをして栽培や収穫を行える制度をつくったからである。このように自然のリズムの中でつくる工程の見定めや生産方法を継続できる制度をつくることで、フードスケープは維持されるのである。

②フードスケープの更新（図4）

　更新とは、エコロジカル治具を自然のリズムに位置づけ直すことである。建築の老朽化や建材の進化、生産人口の減少といった、

時代ごとの変化に食の生産をどのように対応させるかが重要である。カレマ村のワインでは復旧が難しくなったパーゴラを石柱と同様熱を蓄えるプレキャストコンクリートの柱に交換したり、田野町の寒干し大根櫓は形状を変えず、孟宗竹を耐久性の良いカーボンファイバーに代替することを試みる。また、生産者の高齢化や都市部への人口流出により、規模の拡大や集約化も行われる。四郷の鉄骨の大きな柿屋は、風を活かした乾燥を維持し、下津のみかん小屋はみかん熟成のための換気方法に古いみかん小屋のあり方を踏襲している。このように自然との関わりを保ちながら、エコロジカル治具の形状や大きさ、素材を更新することは、その地域で少しずつ新しいフードスケープをつくることにつながる。

②フードスケープの更新

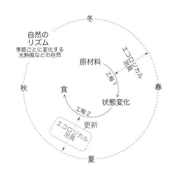

図4：フードスケープの更新

カレマ村のワイン

四郷の串柿

③ブラックボックスを開く（図5）

　今ある機械生産の工程を見直し、ブラックボックスになってしまう工程を開き、自然とのリズムの中にエコロジカル治具を位置づけることである。現状の機械生産を解体する、もしくは新しく食の生産を始める際の方法である。寺田本家では、一度機械による酒造りが行われていたが、ベルトコンベアや空調機を全て外し、もう一度自然に寄り添う酒造りを行う。豊島の天日塩は製塩法が自由化された後、海風や太陽熱を活かせる場所に流下式塩田や結晶ハウスを建てることで塩の生産を始めた。エコロジカル治具をつくり、"機械のリズム"から"自然のリズム"に食の生産をより戻すことで、その土地のフードスケープを再構築することができるのである。

　フードスケープの維持、更新とブラックボックスを開くことは、これからの地域の風景を考え、デザインする足掛かりとなるだろう。また、自然のリズムに寄り添うことは人々の関わり方や暮らしを機械的な運動ではなく、四季の変化といった自然との触れ合いの中により戻すこととなる。

　ここに集められたような、資源を活用するための建築の知恵をもう一度見直すことで、美しいフードスケープをデザインしていかなければならない。本書が食と建築、そして風景を再考するきっかけとなることを願う。

③ブラックボックスを開く

図5：ブラックボックスを開く

寺田本家

豊島の天日塩

取材・執筆協力、参考文献

スローフード運動とエコロジカルな転回
- カルロ ペトリーニ『スローフードの奇跡』(石田雅芳訳、三修社、2009)
- ブリア＝サヴァラン『美味礼讃』(玉村豊男訳、新潮社、2017)
- 植田曉「イタリアにおける都市・地域研究の変遷史——チェントロ・ストリコからテリトーリオへ」(陣内秀信＋高村雅彦編『水都学Ⅲ——東京首都圏水のテリトーリオ』[法政大学出版局、2015])
- 陣内秀信『イタリア都市再生の論理』(鹿島出版会、1978)
- 木村純子、陣内秀信編『イタリアのテリトーリオ戦略: 甦る都市と農村の交流 (法政大学イノベーション・マネジメント研究センター叢書23)』(白桃書房、2022)

エコロジカル治具とフードスケープ
- マイケル・ポーラン『人間は料理をする・上: 火と水』『人間は料理をする・下: 空気と土』(野中香方子訳、NTT出版、2014)
- 図版引用元: the Tomb of Nakht, 18th Dynasty (1479–1420 BCE)

アイソメ図とバレーセクション
- Patrick Geddes『The influence of Geographical Conditions on Social Development』(Geographical journal12, 1898)
- Volker M. Welter『Biopolis: Patrick Geddes and the City of Life』(The MIT Press, 2003)
- 図版引用元: Patrick Geddes, Valley Section, 1909

●イタリアのフードスケープ

カレマ村のワイン
取材協力: Cantina produttori nebbiolo di carema
石柱修復写真提供: 正田健二、美幸
- "Carema" - Slow Food Presidio "https://www.fondazioneslowfood.com/it/presidi-slow-food/carema/"
- Andrea Bacci『De Naturali Vinorum Historia』(1597)

ボルミダのワイン
取材協力: Patrone vini Elena Patrone
- "Paesaggio terrazzato della Val Bormida" - Slow Food Presidio"https://www.fondazioneslowfood.com/it/presidi-slow-food/paesaggio-terrazzato-della-val-bormida/"

- Ecomuseo dei Terrazzamenti - "https://ecomuseodeiterrazzamenti.it/"

トレンティーノの貴腐ワイン
取材協力: Azienda Agricola Gino Pedrotti, Distilleria Francesco
- "Vino Santo Trentino" - Slow Food Presidio "https://www.fondazioneslowfood.com/it/presidi-slow-food/vino-santo-trentino/"
- Tullio Panizza『I vini santi del trentino』(Grafica5、2000)
- Andrea Andreotti『Vino santo trentino. Un luogo, un mito』(Valentina Trentini Editore、2005)

ヴェッサーリコ村のニンニク
- "Aglio di Vessalico" - Slow Food Presidio "https://www.fondazioneslowfood.com/it/presidi-slow-food/aglio-di-vessalico/"
- "Disciplinare di produzione dell' Aglio di Vessalico" - Slow Food Presidio

ジベッロ村のクラテッロ
取材協力: Azienda Agricola Brè dal gallo, Antica Corte Pallavicina
- "Culatello" - Slow Food Presidio "https://www.fondazioneslowfood.com/it/presidi-slow-food/culatello/"
- "Disciplinare di Produzione del Culatello di Ziello" Slow Food Presidio
- 『Profumo di culatello nella bassa parmense』(G. Buccellati, B. Manetti編、Grafiche Step、2015)
- 財団法人 伊藤記念財団『ハム・ソーセージ図鑑』(協同宣伝、2001)

パルマハム
取材協力: Leporati Prosciutti Langhirano Spa
- 財団法人 伊藤記念財団『ハム・ソーセージ図鑑』(協同宣伝、2001)

コロンナータのラルド
- "Disciplinare di Produzione della Indicazione Geografica Protetta Lardo di Colonnata" (MINISTERO DELLE POLITICHE AGRICOLE E FORESTALI)

モデナのバルサミコ酢
取材協力: Acetaia Sereni Francesco Sereni

風景写真: ©Acetaia Sereni
- "Disciplinare di produzione della denominazione di origine protetta Aceto Balsamico Tradizionale di Modena" (MINISTERO DELLE POLITICHE AGRICOLE E FORESTALI)
- レオナルド ジャコバッツィ、大隈 裕子『バルサミコ酢のすべて』(中央公論新社、2009)

ヴェスビオ火山のトマト
取材協力: Azienda agricola - Sapori Vesuviani
- "Pomodorino del piennolo del Vesuvio" -Slow Food Arca del Gusto"https://www.fondazioneslowfood.com/it/arca-del-gusto-slow-food/pomodorino-del-piennolo-del-vesuvio/"
- Sala&Cucina: Il Pomodoro del Piennolo raccontato da chi lo coltiva"https://www.youtube.com/watch?v=VS4HFrpgHNI&ab_channel=sala%26cucina"

アマルフィのレモン
取材協力: La Valle dei Mulini Amalfi
商品写真: ©La Valle dei Mulini Amalfi
- "Disciplinare di produzione dellIndicazione Geografica Protetta Limone Costa d' Amalfi" (MINISTERO DELLE POLITICHE AGRICOLE E FORESTALI)
- 陣内秀信、稲垣祐太、マッテオ・ダリオ・パオルッチ、ジュゼッペ・ガルガーノ『アマルフィ海岸のフィールド研究—住居、都市、そしてテリトーリオへ—』(法政大学エコ地域デザイン研究センター、2019)

トラパニの塩
取材協力: Saline Culcasi, il Museo del sale delle Saline Culcasi
展示写真: il Museo del sale delle Saline Culcasiにて筆者撮影
収穫写真: ©Saline Culcasi
- "Sale marino di Trapani" - Slow Food Presidio "https://www.fondazioneslowfood.com/it/presidi-slow-food/sale-marino-di-trapani/"
- "Disciplinare di produzione della indicazione geografica protetta Sale Marino di Trapani" (MINISTERO DELLE POLITICHE AGRICOLE E FORESTALI)

マドニエのプロヴォラ
取材協力：Azienda Agricola Grazia Invidiata

●食と建築をめぐる対談① 藤原辰史×正田智樹
・Robert Kenner『Food, Inc.』(2008)
・ハンナ・アーレント『人間の条件』(志水速雄訳、筑摩書房、1994)
・Eric Schlosser『Fast Food Nation : What the All-American Meal is Doing to the World』(Penguin, 2002)
・藤原辰史『分解の哲学 —腐敗と発酵をめぐる思考』(青土社、2019)

●日本のフードスケープ
四郷の串柿
・後藤治、二村悟、小野吉彦『食と建築土木』(LIXIL出版、2013)
・和歌山県知事官房統計課編『和歌山県特殊産業展望 昭和13年』(和歌山県統計協会出版、1938)
・宮川 智子『和歌山県かつらぎ町平集落における集落景観の変遷』(日本建築学会大会学術講演梗概集、2010)
小豆島の醤油
取材協力：ヤマロク醤油 山本康夫
協力：黒島慶子 (醤油ソムリエール)、長谷川修一 (香川大学)、巽好幸 (ジオリブ研究所)、ギャラリーエークワッド『発酵と暮らし』展
・小豆島醤油協同組合『醤の郷小豆島 小豆島醤油組合100年史』(小豆島醤油協同組合、2001)
・高橋万太郎・黒島慶子『醤油本』(玄光社MOOK出版、2015)
石井味噌
取材協力：石井味噌
豊島の塩
取材協力：てしま天日塩ファーム 門脇湖
流下式塩田、結晶ハウス：設計 (有) ビー・プラン 上田道秋
枝条架流下式塩田：赤穂市立海洋科学館・塩の国にて筆者撮影
海の精
取材協力：海の精株式会社 寺田牧人
「タワー式」の採鹹装置写真：©海の精 (株)

・海の精誕生物語 "https://www.uminosei.com/yomimono/umin-osei/story/"
多気町の日本酒
取材協力：河武醸造 カワイヒデヒコ
商品写真：©河武醸造
・小泉武夫編著『発酵食品学』(講談社、2012)
寺田本家
取材協力：寺田本家 寺田優
・寺田啓佐『発酵道：酒蔵の微生物が教えてくれた人間の生き方』(スタジオK、2010)
・高田宏臣『土中環境 忘れられた共生のまなざし、蘇る古の技』(建築資料研究社、2020)
八女茶
取材協力：矢部屋許斐本家 許斐健一
・『特定農林水産物等登録簿：八女伝統本玉露』(農林水産省)
・『本場の本物 産地探訪：焙炉式八女茶』(一般社団法人本場の本物ブランド推進機構、2022)
・二村悟、後藤治『八女市の茶問屋・許斐本家における土地所有と茶工場について』(日本建築学会、2016)
・『八女茶の製茶販売を生業とする商家・許斐本家の歴史的建造物保存対策調査及び保存活用計画』(八女文化遺産保存・活用ネットワーク、2014)
・東京工業大学 塚本由晴研究室『WindowScape 3 窓の仕事学』(フィルムアート社、2017)
田野町の寒干し大根
取材協力：宮崎市田野総合支所農林建設課
・後藤治、二村悟、小野吉彦『食と建築土木』(LIXIL出版、2013)
・農林水産省 日本農業遺産『宮崎の太陽と風が育む「干し野菜」と露地畑作の高度利用システム宮崎県田野・清武地域』"https://www.maff.go.jp/j/nousin/kantai/attach/pdf/giahs_3_tanokiyo-5.pdf"
・湯免鮎美・末廣香織『宮崎市田野町における大根やぐらの形態決定の要因に関する研究』(日本建築学会九州支部、2022)
山之村の寒干し大根

取材協力：すずしろグループ代表 岩本智恵子
・『本場の本物 産地探訪：奥飛騨山之村 寒干し大根』(一般社団法人本場の本物ブランド推進機構、2022)
・奥飛騨山之村寒干し大根 地理的表示産品情報発信サイト "https://gi-act.maff.go.jp/register/entry/48.html" (2023年5月現在)
下津の蔵出しみかん
・農林水産省 日本農業遺産「下津蔵出しみかんシステム」："https://www.maff.go.jp/j/nousin/kantai/giahs_3_211.html"
・『和歌山の園芸 5(10)_貯蔵特集号』(和歌山県果実農業協同組合連合会、和歌山県果樹園藝研究会、1954–10)
・『和歌山の園芸 8(11)_貯蔵特集号』(和歌山県果実農業協同組合連合会、和歌山県果樹園藝研究会、1957–11)
カネサ鰹節商店
取材協力：カネサ鰹節商店 芹沢里喜夫
鰹節天日、潮鰹櫓写真：©カネサ鰹節商店

気温、降雨量：Climate-Data.org

●食と建築をめぐる対談② 塚本由晴×正田智樹
・バーナード・ルドルフスキー『建築家なしの建築』(鹿島出版会、1984)
・マルティン・ハイデガー『建てること、住むこと、考えること (Bauen Wohnen Denken)』(ダルムシュタット講演、1951)

アイソメ図作成協力：正田真理
工程図作成協力：宮城大学 食産業学群 フードマネジメント学類 金内誠
配置図作成：村角洋一
英訳：マチダ・ゲン p220–223

謝辞

この本は、2016〜2017年にイタリア・ミラノに留学した際に調査したものに加え、2018年以降に日本での調査を追加し、書き下ろしました。

この中でご紹介させていただいた生産者の方々に心から感謝を申し上げます。写真を撮り、寸法を取り、話を伺うのに多くの時間を割いていただきありがとうございました。自然に寄り添いながらいきいきと仕事をする皆様の尊い姿にいつも励まされました。

この本の土台となっているのは、2017年度に書いた修士論文『イタリアのスローフード生産にみられる資源の活用のための建築』です。卒業するまで議論を続けてくださった、塚本由晴先生、能作文徳さん、佐々木啓さん、そして論文執筆に関わってくださった塚本研究室の皆様に深く感謝を申し上げます。

また、本書を書くきっかけをくださったのは塚本由晴先生です。卒業後も煮え切らない思いを抱え、日本の調査を続けていたところ、学芸出版社さんをご紹介いただきました。調査、執筆、図版作成に多くの時間を使ってしまいましたが、何より食と建築のテーマを考え続けられたこと、その時間がとても大切だったのだと改めて感じております。この場を借りてお礼を申し上げます。

学芸出版社の井口夏実さんには、多くの時間を割いていただき、図版、文章など細かい部分まで気を使って校正をいただきました。時間のない中でご尽力くださり美しい装丁をしていただきましたUMA/design farmの原田祐馬さんと山副佳祐さん、配置図を細部まで書き込んでいただいた村角洋一さん、英訳を急にお願いしたにもかかわらず快く対応くださったマチダ・ゲンさん、また、生産の工程や微生物の働きを細かくご指導いただいた金内誠先生、ありがとうございました。そして対談をいただき、今後の研究と実践にも新たな問いと励ましをくださった藤原辰史さんに改めてお礼を申し上げます。

本書を書きながら、色々な方とお話をしました。卒業後『食と建築、土木』を執筆された後藤治さん、二村悟さんには調査を続けるべきだと鼓舞いただきました。建築学会のヴォイス・オブ・アース デザイン小委員会では発表の場や展示の場をいただき、建築家・研究者のみなさんに貴重なご意見をいただきました。川島範久さん、常山未央さんには大学のレクチャーへのお誘いを受け、思考を整理するきっかけをいただきました。スローフード協会の皆様には生産地や生産者をご紹介いただき食のネットワークや食に対する関心を広げてくださりました。

　なにより、うまくいかない時に話を聞いてくれた友人、刺激をくれる大学時代の仲間たち、職場で支え刺激をくださった上司、同期や後輩の皆様、温かく見守ってくれた家族、そして何よりいつも支えてくれ細かいことにも相談に乗ってくれる妻の真理さん、改めてこの場を借りてお礼を申し上げます。これからもよろしくお願いいたします。

　この本が、建築に関わる方々と、生産者、料理人などの食の専門家や観光などの様々な分野の方々との架け橋となり、新しい議論の種となることを願います。

2023年初夏　東京にて

正田 智樹

本書は、
公益財団法人 窓研究所 2020 年度出版助成
一般財団法人 住総研 2021 年度出版助成
を受け発行されました。

この場を借りて窓研究所の皆様、住総研の皆様、そして審査員の皆様に感謝を申し上げます。

Foodscape Graphical Analyses of Architecture and Landscapes of Food

Introduction

Where does the food that we consume come from? Owing to industrialization, we live with an abundance of food products that are continuously supplied to us with consistent quality and quantity. What we find behind the scenes of this reality, however, are food production systems geared towards achieving seemingly excessive levels of efficiency through mechanization.

Meanwhile, in Italy, where food production areas are protected under the Slow Food movement that aims to counter fast food culture and the globalization of food production, we can find a variety of architecture built for the purpose of harvesting the fruits of nature, such as lemons grown under the pouring sun, prosciutto cured with the aid of mold that brings out its rich flavor, and wine made from grapes nurtured under airy pergolas. Developed in relation to the topography, geology, soil, sunlight, and airflow, these constructions provide optimal conditions for the various steps involved in producing and processing food products. In this book, I refer to them as "ecological jigs". Ecological jigs can also be viewed as forms of wisdom, as they embody knowledge that people learn and impart to others, a process that can shape entire landscapes when repeated in a locale. I refer to such landscapes shaped by food as "Foodscapes". My aim with this book is to introduce beautiful Foodscapes in Italy and Japan together with their nature-harnessing architecture (ecological jigs).

Carema Wine

Here, I would like to introduce Carema's wine Foodscape as an example. The Italian village of Carema is located at a high altitude and experiences cold temperatures, making it unsuitable for grape cultivation. However, Carema's winegrowers have been protecting their grapes from the cold air by utilizing pergolas with massive stone pillars that absorb heat during the day and radiate it at night. The pergolas also ensure that the grapevines evenly receive plenty of sunlight and are well-aired. Additionally, the vineyards are stone-terraced for enhanced drainage. The grapes are harvested from mid-October and gathered at the village's cooperative winery, where they are pressed into juice and fermented in stainless steel tanks. The resulting wine is then matured in large wooden barrels for about two years. The tanks and barrels are kept in reinforced concrete rooms built partially underground to create the cool, damp conditions optimal for maturation. Resembling an amphitheater oriented to the southwest, Carema's terraced landscape of stone pillars and lush grapevines can be seen as the product of architectural wisdom for harnessing as much of the sun's energy as possible in the mountainous site.

The heat-storing stone-pillar pergolas protect the grapes.

A naturally cool and damp semi-underground cellar.

The Carema village landscape.

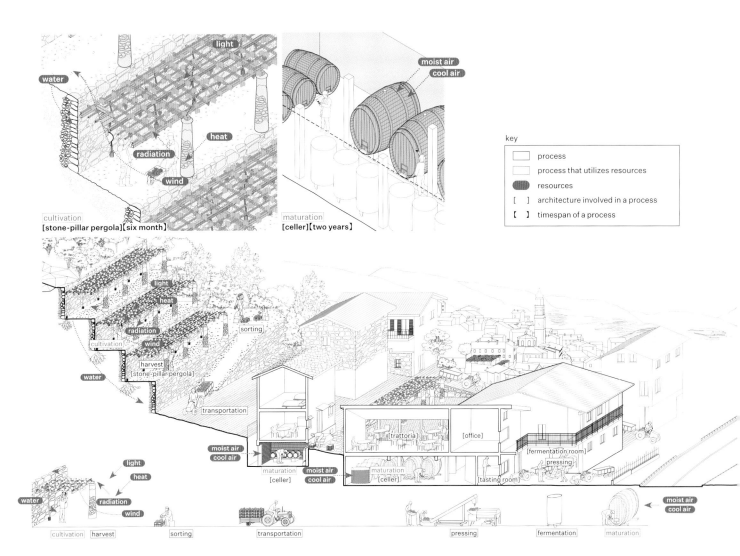

key

☐	process
☐	process that utilizes resources
●	resources
[ ]	architecture involved in a process
【 】	timespan of a process

cultivation
[stone-pillar pergola]【six month】

maturation
[celler]【two years】

water · light · heat · radiation · wind

cultivation · harvest [stone-pillar pergola]

sorting

transportation

moist air · cool air

maturation [celler]

moist air · cool air

[trattoria] · [office]

[fermentation room]

pressing

[tasting room]

maturation [celler] · moist air · cool air

moist air · cool air

cultivation · harvest · sorting · transportation · pressing · fermentation · maturation

Epilogue

Whenever I come across a landscape where food is grown, I find it beautiful and precious how the fields and structures knitted with the topography and with people's ways of life have continued to be maintained and updated across generations. Many of these landscapes have been havens for hand-based production, closely dependent on nature. However, since the twentieth century, when food production was centralized to enable stable supplies of abundant food, agricultural landscapes have continued to be destroyed and replaced by industrial food production plants. Could it still be possible for us to maintain and update those beautiful edible landscapes, dismantle our current food production systems, and once again witness people and architecture existing as one with the land and nature in the future?

This question led me to focus on "ecological jigs", or architectural constructions in the food production sphere designed to harness light, heat, wind, and other natural resources in their local environment. When an ecological jig has taken root in a particular climate and food culture, it signifies that people have managed to distill an architectural form out of a process of trial and error to harness resources specific to that locale for the purpose of food production. The repeated construction of such jigs in one locale can give rise to distinctive landscapes that are unique to that place. The aim of this book was to explore how we can shape tomorrow's landscapes through food production and architecture by studying the relationship between existing jigs and the resources they harness. As a conclusion, I would like to share my thoughts on how we might maintain and update FoodScapes as we move forward.

Food production involves a series of transformations of raw materials, and these processes are always intertwined with time. The timespan required for raw materials to transform and the points in time when the necessary resources can be obtained, all vary. For example, grapevines spread their tendrils and leaves and start forming fruit in the summer. The grapes are harvested in the autumn, and the wine is matured in the winter. Then, it takes 2 to 3 years for the wine to sufficiently age. These kinds of rhythmic cycles tied to the seasonal changes of resources such as sunlight, temperature, and wind can be described as the "natural rhythms" (fig. 1). Ecological jigs are designed to harness the various natural resources available in different seasons. Contrastingly, one could say that mechanical production processes driven by motors, which enable the artificial control of temperature and humidity, follow the "mechanical rhythms". By being disconnected from natural rhythms, mechanical production processes allow similar products to be quickly churned out anytime and anywhere. While making stable supplies possible, however, such processes encourage the creation of hermetic "blackbox" buildings in which the harmonious interactions with natural rhythms are lost (fig. 2). Now then, how have the beautiful foodscapes featured in this book interacted with natural rhythms?

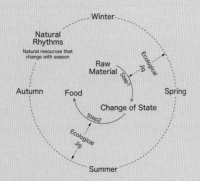

Fig. 1: Food processes tied to natural rhythms

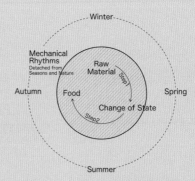

Fig. 2: Food processes tied to mechanical rhythms

Maintaining (fig. 1): Many of FoodScapes in this book have been maintained by upholding longstanding traditions. They demonstrate that the pride of the food producers and the long, slow process of creating food together with nature translates into exquisite flavors.

Updating (fig. 3): Updating means renewing the ecological jigs in consideration of factors such as decay and demographic change, and recalibrating them to natural rhythms while maintaining their relationship with their resources. For instance, in Carema, the decaying stone pillars of the vineyard pergolas, which have become difficult to upkeep, are being replaced with precast concrete pillars with similar heat-storing capabilities. In Shigo, dried persimmon production is being aggregated and scaled up to compensate for population aging and decline. The new large-scale persimmon drying sheds of Shigo are built of steel, but they still incorporate the longstanding practice of drying the persimmons using the natural wind.

Unblackboxing (fig. 4): This means discontinuing production processes driven by mechanical rhythms and instead establishing ecological jigs that are in tune with natural rhythms. For example, since salt production was deregulated in Japan, salt production in Teshima has been conducted using evaporation racks and crystallization huts that harness the sea breeze and solar heat instead of relying on electrodialysis. The sake brewery Terada Honke similarly has reverted to using a production process more in touch with na-

ture by unplugging all its machinery, such as conveyor belts and air conditioning units, which it had used for controlling temperatures, cultivating the koji mold, and fermentation. The cooling of the steamed rice is now done using the cold winds of the region, and fermentation is done using the lactic acid bacteria and yeast living in the brewery's earthen walls. Creating ecological jigs to shift food production from mechanical rhythms to natural rhythms equates to reconstructing landscapes and reconnecting people with the joys that come with seasonal and climatic changes.

We are at a moment where it is still possible for us to reestablish landscapes where people live vibrantly within nature. As shown in this book, there are food producers around the world who have continued to proudly preserve the architecture and traditional practices that can serve as stepping stones for achieving this. By reevaluating the architectural wisdom for harnessing nature for food production embodied within them, we may be able to develop new foodscapes. It is my hope that the methodology applied in this book will be useful for this purpose.

Updating

Fig. 3: Ecological jigs that update natural rhythms

Wine of Carema village.

Dried persimmons of Shigo.

Unblackboxing

Fig. 4: Unblackboxing

Solar salt of Teshima.

Sake of Terada Honke

[Translation:Gen Machida]

著者

正田智樹（しょうだ・ともき）

一級建築士。1990年千葉県生まれ。転勤族の家族と共に、フランス、インドネシア、中国、ベルギーを高校卒業まで転々と移り住む。東京工業大学大学院建築学専攻修了。2016–17年イタリアミラノ工科大学留学。現地ではSlowFoodに登録されるイタリアの伝統的な食を建築の視点から調査。2018年〜現在会社員として建築の設計を行う。

Author

Tomoki Shoda

Born 1990 in Chiba, Japan. Completed a master's degree in architecture at the Tokyo Institute of Technology. First-class licensed architect. Began researching traditional Italian Slow Food products through the lens of architecture while studying at the Politecnico di Milano from 2016 to 2017. Employed at a major Japanese architecture corporation since 2018.

Foodscape　フードスケープ
──図解　食がつくる建築と風景

2023年10月10日　第1版第1刷発行
2024年 2月10日　第1版第2刷発行

著　者　　正田智樹
発行者　　井口夏実
発行所　　株式会社学芸出版社
　　　　　〒600-8216
　　　　　京都市下京区木津屋橋通西洞院東入
　　　　　tel 075-343-0811
　　　　　http://www.gakugei-pub.jp/
　　　　　E-mail:info@gakugei-pub.jp
編　集　　井口夏実
装丁・DTP　UMA / design farm（原田祐馬・山副佳祐）
印刷・製本　シナノパブリッシングプレス

助　成　　公益財団法人 窓研究所2020年度出版助成
　　　　　一般財団法人 住総研2021年度出版助成